王丹阳 著

华文出版社
SINO-CULTURE PRESS

图书在版编目（CIP）数据

当下就是幸福 / 王丹阳著． －－ 北京 ： 华文出版社，2025．1（2025．5重印）．－－ ISBN 978-7-5075-5997-2

Ⅰ．B821-49

中国国家版本馆 CIP 数据核字第 202478TS49 号

当下就是幸福

著　　者：	王丹阳
责任编辑：	刘超平
出版发行：	华文出版社
地　　址：	北京市西城区广外大街 305 号 8 区 2 号楼
邮政编码：	100055
网　　址：	http://www.hwcbs.cn
电　　话：	总编室 010-58336239　责任编辑 010-58336222
	发行部 010-58336267
经　　销：	新华书店
制　　版：	北京禾风雅艺文化发展有限公司
印　　刷：	三河市航远印刷有限公司
开　　本：	850mm×1168mm　1/32
印　　张：	7.5
字　　数：	145 千字
版　　次：	2025 年 1 月第 1 版
印　　次：	2025 年 5 月第 2 次印刷
标准书号：	ISBN 978-7-5075-5997-2
定　　价：	49.00 元

版权所有，侵权必究

宁静无烦恼,是为最幸福。

把心安顿好,活出幸福感。

目 录

前言 / 你的心安宁吗?

第一章　透过现象看本质
2 / 世界是变化着的
5 / 人为什么活着?
7 / 如何做到"四十不惑"?
9 / 为什么说"人生如梦"?
11 / 如何认识自己?
14 / 经历一定是财富吗?
16 / 怎样改变失望的局面?
17 / 怎样看待算命?
20 / 心语

第二章　成长,是最大的财富
22 / 我焦虑是因为没有目标吗?
24 / 如何突破自我取得成功?
26 / 如何检验自己的成长?
28 / 如何判断一个人是否靠谱?
30 / 怎样快速增长智慧?
32 / 最靠谱的学习方式是什么?

34 / 和好友产生了分歧，怎么办？
37 / 求知欲也是贪吗？
39 / 如何才能学会放下？
41 / 我的觉悟提高了吗？
43 / 怎样才能让年轻人少留遗憾？
46 / 知道做错了，但改不了，怎么办？
49 / 心语

第三章　心安还须心法

52 / 我的心在哪里？
54 / 怎样从过去走出来？
56 / 经常走神怎么办？
58 / 追求快乐有错吗？
60 / 怎样消除担心与恐惧？
62 / 如何调整心绪？
64 / 如何从负罪感中解脱？
66 / 怎样让身心更健康？
68 / 敏感的人如何远离伤害？
70 / 易怒的人怎样改掉坏脾气？
72 / 我为什么总是抱怨？
74 / 如何降伏傲慢心？
76 / 如何克服嫉妒心理？
78 / 如何去除容貌焦虑？
81 / 心语

第四章 教育要教会如何寻找幸福

84 / 我们的初心是什么？
86 / 如何做一个好妈妈？
89 / 如何做一个好爸爸？
91 / 鼓励还是惩罚？
93 / 是放养，还是严管？
95 / 怎样看待"三岁看大，七岁看老"？
98 / 家风到底是什么？
100 / 如何教育青春期的孩子？
102 / 怎样引导早恋的孩子？
106 / 如何改变孩子的不良行为？
108 / 怎样实行挫折教育？
110 / 如何让孩子学会自我管理？
112 / 怎样让孩子学会交往？
114 / 如何让孩子听话？
116 / 心语

第五章 爱是深深的理解、包容和尊重

120 / 你是怎样看待婚姻的？
122 / 真正的爱情存在吗？
126 / 如何选择合适的伴侣？
128 / 怎样才算孝顺？
131 / 是改变他，还是忍受他？
133 / 如何忘记一个人？
136 / 怎样才算是真正的原谅？
138 / 爱上不该爱的人怎么办？

140 / 离婚有哪些隐患?
142 / 如何劝导不愿成家的子女?
144 / 有个当教师的妈妈是怎样的体验?
146 / 心语

第六章　我们，总是被关系滋养着

148 / 生命就是关系吗?
150 / 人与人之间为什么那么复杂?
152 / 独处会过得更好吗?
154 / 如何恰当地处理家族之事?
156 / 怎样改善人际关系?
158 / 家人为什么不理解我?
160 / 怎样做到随顺对方又不失自我?
162 / 社恐应该如何保护自己?
164 / 如何才能交到挚友?
166 / 我的另一半总是很不配合，我该怎么办?
168 / 是继续保持沉默，还是还击?
170 / 是做独特的人，还是做合群的人?
172 / 心语

第七章　活出幸福感，便是圆满

174 / 幸福有定义吗?
176 / 你的幸福力来自哪里?
179 / 如何成为一个快乐的人?
183 / 努力和随缘，如何选择?

185 / 为什么会有无意义感？
187 / 如何缓解压力？
189 / 我不配得到幸福吗？
191 / 思维是否决定幸福？
193 / 如何从情绪化中走出来？
196 / 如何坚持早起？
198 / 心语

第八章　用新的认知，完善自己的生命

200 / 认知影响行为吗？
202 / 如何停止精神内耗？
204 / 人工智能时代，我们能做什么？
206 / 是留下，还是离开单位？
208 / 怎样看待死亡？
211 / 心语

212 / **让你瞬间开心的二十个回答**

218 / **十条让自己更幸福的建议**

219 / **我的那些幸福时刻**（钱一禾）

221 / **后记 / 一切都是最好的安排**

- 前言 -

你的心安宁吗？

明灿灿的秋日午后，一位年轻的咨询者远道而来，她也是我的一位忠实读者。

她坐下来后，掏出笔记本，问了八个问题。有的问题倒不像是咨询，更像是采访，她说她是替身边好几个人问的。

我和她聊了整整一个下午，直到窗外的廊灯亮起，秋千上的身影来来往往换了好几拨，她终于站起来向我表达她的满意和谢意。她说，她的心变得很安宁，还有一种幸福的味道。

我站在门口目送她走到路的尽头，转身回书房，刚喝了一口水，又听到她的声音。她返回来了，眼光亮晶晶。她说："丹阳老师，如果你能把这些普及性的回答整理成一本书，就可以为那些到处寻找答案的人指点迷津了。"

我常常想，人为什么会有问题需要向人询问呢？无非两个原因吧！

一是自己感到迷茫，有烦恼、有疑惑。

二是想找个信得过的人帮自己按下确认键。

无论是为了解惑，还是为了确认，都是想要过得更安心一些吧！

我当然没有本事去安一个人的心，连圣哲先贤都做不到的事，我一个小小的咨询师怎么可能做得到？那么，我到底能做什么？

我想，大约是提醒回归吧——回归本心！

我们一直寻寻觅觅的东西，我们想要的道和法，其实不在别处，一直都存在于我们自己的心中。

知心即知道！

如果我能有什么可以和大家分享的，那必定是我心里有的，也是你心里本具的。我顶多是借助了一些语言、文字，以我的经历和领悟，把你心中的道唤醒，让它激活，而这才是真正的安心法门。

这些年来，我研读了很多中国古代圣贤留下的经典，以及现代心理学大师的著作，它们给予我非常多的启示和影响。如果本书中有任何一个回答、观点对你有帮助，那并不表示我有多智慧，其中的一些知见并非我的创造发明，而是由我通过研读经典帮你重新发现了被我们遗忘许久的宝藏。为此，我要感谢所有指引我深入经典的每一位老师、同行善友。遇见你们，是我此生最幸运和最幸福的事之一。我以这份小小的分享，回馈你们一直以来对我的关爱。

作为过来人，我也要感谢每一位来访者，借由你们，我照见自己，并能从更深处同理他人，由此坚信要活出自己的幸福，并且让身边更多的人因我而更幸福。这正是本书诞生的根本原因。

读别人的困惑，解自己的谜团。如果你的心一直不安，就打开这本书吧！

为了方便阅读，我对书中诸多问题做了大致的归类，但无论是哪一类，最终都是导归幸福之道。

亲爱的读者朋友们，我一直相信"所有的遇见都是久别重逢"，感谢这美妙的缘分，让你我因为文字而相遇。现在，你手里拿着的这本书，不只是一本书，更像是我们的一场身心对话，是一部书写生命脚本的咨询问答录，又或者一个让人心安的幸福百宝箱。

衷心希望这本书能带给你一些崭新的观念，带你尽情拥抱当下的幸福，把你带向更美好的未来。如果你也接受"每一个问题都是恩典，一切都是最好的安排"这样的积极信念，那么，我相信它会是你在很长一段时间内读过的温暖、实用、直抵心灵的一本书。

同样，如果你能把这本书当作一份礼物送给你的亲朋好友，那必是一份珍贵、富有爱心的礼物，他们也会因此获得生命的内在成长和智慧增长。

阅读本书的方法有很多，除了一页一页依次读下去，我在这里给出另外三种建议，也许可以增加你的阅读趣味和价值。

第一种，你可以任意翻开一页，看看自己遇到了什么内容，相信它是一种及时的指引或启示。这有点像是抽彩虹卡片。

第二种，在目录中搜索自己正在寻找的答案，去阅读相应的内容，那一定是你最需要的。

第三种，你可以选择某一个喜欢的篇章开始阅读，把这部分读完后，再以当时的心境来决定读下一个篇章。

最后，我要真诚地向所有为本书出版而付出努力的人表达深深的敬意和感谢。

感谢华文出版社的编辑刘超平女士，从我人生的第一本书《油茶树下的约定》开始，她除了给我专业上的引领、指导和帮助，也给了我真诚而温暖的爱和关怀。作为一个作者，我感到无比幸运和幸福。

感谢本书的插画师施欣仪，她是中国美术学院的在读研究生，也是我的一位"95后"忘年交。她的画和她本人一样美好，每一张作品都在为"幸福"加分。

感谢黄以琦为本书的封面题字，她是一位德智体全面发展的幸福姑娘，我见证了她的成长，也见证了她在书法上的建树，字字都透着生命的力量。

我也要特别感谢我的家人给予我在创作上的全力支持、时间上的充分允许。他们永远是我坚强的后盾，是我幸福的依托。爱你们，祝福你们，一直是我此生最重要的事。

　　经常有人问我，怎样的人生才算是幸福？
　　我们每个人都行进在通往幸福的路上，当我们明白世界的真相，当我们接纳自己的真实，当下就是幸福。

王丹阳

丹阳的人生幸福卡

- 我越积极地看待自己以及世界,就越吸引积极的人。
- 我现在的想法、语言、行为,都在创造着我的未来。
- 一切都很好!所有问题,都只是此生未完成的功课。
- 过去、现在、未来,每个遇见的人都是来启发我的。
- 怀着真心善意去工作,无论做什么我都无辛苦可言。
- 只问付出有多少,不问得到有多好——总是刚刚好。
- 我需要的总会在最恰当的时候光临,真是如光而临。
- 不管别人怎样,只管自己成长。成长,没有休息日。
- 永远相信,相信自己相信天地万物,相信爱与我同在。
- 活着的每一天都是唯一,稳稳地前行,深深地感恩。

第一章

透过现象看本质

当我们放下对事物的执念和主观成见,
我们方可看到事物的真相和生命的价值。

世界是变化着的

问：

我曾经做过很多至今看来也算科学、理性的规划，我也为此非常努力，虽然在别人看来，我已经很有成就了，但是我对结果并不满意。很多时候往往就差那么一点儿，眼前的世界却全变了。我为此感到沮丧，甚至想放弃，我不明白，也看不透这个世界的本质。

答：

世界的本质是什么？或许从不同维度可以有不同的答案，但我认为有一个答案是确定无疑的——世界是变化着的！今天有，不代表明天还有；今天没有，也不代表永远不会有。世界在有无之间不断变化着。就像一朵花，有开有谢，有谢有开，千万不要执着于"有"或"无"。

"艳冶随朝露,馨香逐晚风。何须待零落,然后始知空。"

一位禅师写出了真相:别看这个花现在这么漂亮,其实像朝露,随时会凋零,并且必定凋零。它的香气也很快就会消失。所以,这个花不必等它衰败了才叫"空",它当体即空。

我是这样理解的:"空"的本义是变化。万事万物皆如此,一切都在变化中。今天的我和昨天的我是不一样的,甚至这一刻的我和刚刚过去的我也不一样。如果不能接受和确信这一点,我们就会一直迷恋和抓取。从而,贪爱我们的财富,贪爱我们的成就,认为它是真实不变的,并且花很多时间和代价执着于它。

有时候,我们想要抓住那些抓不到的东西,抓到了还想要抓更多,看到别人有的就认为自己也该有,一旦失去曾经拥有的就产生怨恨,一旦自己有条件了就想把过去缺失的全部补回来,不管是否合理或必要。

问问自己的心,为什么一定要得到那些?

我们在不能认清世界的本质之前,基本都是喜新厌旧、贪得无厌的人,永远在向外追逐,永远不会满足,能言"知足常乐"者多,但能做到的很少。

尚未拥有自己想要的东西时,我们想着拥有它们一定会很快乐、很幸福。但当真正拥有了,有了钱,有了名,有了地位,有了佳偶,有了自由……是不是真的就如当初想象的那么快乐呢?或许会有那么一段时间感觉非常棒吧!觉得自己了不起、很风光,但这种从外面获取的快乐感很难持续往上走,反而会随着时间的推移、事情的变迁、感受的麻木而渐渐停滞，或慢慢往下滑，直至消失，直到有一天那种满足感又找不到了。因为很多意想不到的烦恼又滋生了。那些获得的东西也有可能成为新痛苦的来源。于是，我们试图转移其他目标，又来一遍，一遍又一遍。而我们却认为，世界不善待自己。

送你一句话，它曾陪伴我很多年——"岂能尽如人意，但求无愧于心"。

人生无法全部完美，完美在认真完成。生活无法全部圆满，圆满在全心全意。

人为什么活着？

问：

人为什么活着？我从小听我的父辈们说，人活一口气，所以活着一定要争气，可我争了几十年，依然争不过人家，也没有活好。那么，你为什么而活？

答：

人为什么而活，我觉得每个人可能都不一样，可能每个时代的人也会有不一样的思考。我谈谈自己的体悟。

我在一个偏僻的小山村长大，我的成长之路充满艰辛，光是意外事故就发生了好几起，常有人说我"大难不死，必有后福"。尤其是像我这样的农村女孩，要考上大学，走向城市，需要比一般人付出更多代价。所以，童年时代的我，认为活着的意义就是走出山村，去看更大的世界，这也可以说是我的父辈们对我的期望,就是他们所认为的"争气"。倒不是为了做给别人看,而是为改变自己的命运。

那么现在呢?我活着的意义是什么呢?

我在各个版本的自我介绍里,有一句话是始终不变的,那就是:"坚持做一个美好、和平与爱的创造者和分享者。"

一方面,我因为经历过苦和难,所以希望能够以自己的方式去理解他人、提醒他人。

另一方面,我希望自己可以把学到的知识、习得的特长发挥出来,努力成为一个有良知、有真知的人,做一个幸福的人,并且让身边更多的人幸福。

也就是说,无论发生什么,面对什么,我也要幸福地活着,并让身边更多的人因我而幸福。

比如整理这本书,我最大的希望是,有人读了它,问题更少了,心更安了,幸福更真了。

如何做到"四十不惑"?

问:

我在你的文章中经常读到孔子《论语》中的名句,你一定对此很有研究吧!孔子说"四十不惑",可我依然有很多困惑,脑海里每天问号不断,并且总为过去、未来及眼前的事伤脑筋。如何才能做到孔子所说的每个阶段的生命状态?

答:

对《论语》有很深的研究谈不上,但我一直在研读《论语》。《论语》是很值得大家诵读、践行的一部入世经典。

孔子说:"吾十有五而志于学,三十而立,四十而不惑,五十而知天命,六十而耳顺,七十而从心所欲,不逾矩。"这是圣贤对自我的要求,后来也成为一代代国人的志向。当然,这并不表示它是一个绝对的普遍标准,我觉得我们普通人可以追求这样一个标准，但也没必要因为暂时做不到而贬低自己。你要知道，有些人七老八十甚至临终了还做不到不惑呢！

孔子说："知者不惑，仁者不忧，勇者不惧。"我理解为，知者（即智者）明道达义，故能不为外物所惑，心中亦无迷乱。仁者悲天悯人，其心无私虑无私忧。勇者志道直前，浩然正气，无所畏惧。

困惑多，某种意义上说明我们的智慧不够，被各种人和事阻碍。好好去读《论语》吧，去看看孔子的理想："老者安之，朋友信之，少者怀之。"

依我个人的解读，"不惑"是一个人真正活出自己的前提，剩下的都会自然发生。

另外，《金刚经》中言："过去心不可得，现在心不可得，未来心不可得。"

对过去，不要沉湎留恋。它们只留下一种虚幻的感受，无论是苦是乐，就像水中幻影，就像昨天的梦，都已经过去了。如果一定要回忆，就多想想那是无常的，你的执着便会淡薄一些。

对未来，不要过度妄想。若要想，就把自己拉到终点去想：我希望自己走完人生的时候是怎样的场景？这大约就是向死而生吧！

对现在，不要执着。其实，现在正在成为过去，就像你眼前看到的流水，就像云彩，你非要留住它，只会失望，徒增伤悲。

为什么说"人生如梦"?

问:

如何理解"人生如梦"这个说法?既然说"人生如梦",我们何必还来做梦?

答:

说到梦,我想起了两个给我留下深刻印象的故事。

第一个是"黄粱一梦"。它要表达的意思是:空想出来的荣华富贵都是一场梦,梦醒了,就什么也没有了。幸福的生活,不是靠虚幻的美梦得来的。任何时候都不要指望坐享其成,自己扎扎实实地辛勤劳动,才能把愿望变成现实。然而,现实生活中,拥有这种幻想的人比比皆是。

第二个故事的主角是一位国王:他梦到自己变成了一只小蚂蚁,在阶梯的缝隙中急急忙忙地找一些零碎的食物,看到人就惊恐地停下来，看到比他大的蚂蚁也害怕地躲避。一个在现实生活中拥有无上权力的大国王，却在梦中忘掉了自己的身份。同样在现实中，也有些人活着活着，就把自己的本来面目忘掉了，把身上好好的"珍宝"丢掉了，过得越来越卑微。

人生如梦，梦如人生。我们总以为梦是虚的，现实是真的。其实，有时候梦里你的感觉也是很真的，有痛有甜，急是真急，乐也是真乐。可是，当你如此"真实"地经历这一切时，那些梦境中的人和事是不存在的。

人生这场大梦其实也一样，这让我想起了一对师生的对话。

学生问："老师，既然说'人生如梦'，那么我们为什么还要那么辛苦地在梦中学习？"

老师回答："因为依靠'学习'这场梦，可以让我们从梦中醒来。"

我当时听了，可谓如梦初醒。

罗贯中在《三国演义》中给诸葛亮安排了一首诗，读来颇令人清醒：

大梦谁先觉？平生我自知。
草堂春睡足，窗外日迟迟。

如何认识自己?

问:

听说读哲学会让人更幸福、更平静,所以我最近常常会读一些。"认识你自己!"是刻在希腊德尔菲神庙上的一句著名箴言,直截了当地告诫世人,要认识自己,明确自己的本质和特性,懂得人生的意义和真正的价值。苏格拉底作为古希腊伟大的哲学家,他同样用这句话鞭策着自己。然而,我却因为这句话,陷入了迷思,更不平静了,我该如何认识自己?我有那么多缺点,又该如何改变自己?

答:

我想特别强调一个观念,那就是要对自己正在经历的,包括呼吸、念头、感情、行走、事情等,多一份观察和自觉,也就是洞察力,这样会很容易让心安静,让人从冲动、矛盾中解脱出来。这好比,原本动荡的一缸水开始平静下来,你就可以看清楚水里面有什么了。

读书是好的,读些哲学书也很有必要。我们活着,总是想认识更深层的东西,尤其是认识自己。

在我看来,自觉地通过对各种事情的反应来观察自己,这是了解自己的一个非常有效的途径。你做出的每一个反应都带着一些你意识到或者没有意识到的感受,每一种感受都反映出你是如何看待他人以及如何认同你自己的。这其中,你可能会了解到自己是如何用旧有的思维模式,创造着现在的生活及影响着身边的人,包括孩子。

你如果能这样训练自己,每一次都是成长,每一次都是对自己的激励。即使没有一个好结果,但你的蜕变已经发生,总有一天,你会变得不一样。

所谓"改变自己",其实并不需要大幅度地调整我们的日常生活安排,来让自己觉得拥有了一个全新的人生,而是要进行思想观念的调整。

比如,过去你认为自己有那么多缺点,真糟糕!那么现在,你可以建立一个新的观念:哦!原来我还可以有很多进步的空间,真期待!

行为上改变,走的是远路、难路;思维上改变才是捷径。世界观调整了,外面的世界也就变了。

又比如，你要让自己这个"小孩子"高兴，从现在开始，就把你希望的、令你开心的活动放在待办清单的最前面，将自己的快乐感视为优先事项。当然，快乐一定要以健康为前提，而不是仅仅刺激自己一下，那样的话，你会经历更不快乐的。

幸福的创造始终是建立在自己良好感受的基础之上的，否则，你得到的所有东西，会以丧失掉其他更宝贵的东西作为代价。

经历一定是财富吗？

问：

我是一个经历特别多的人，讲几天几夜也讲不完。朋友安慰我说："经历是财富，苦难是财富，苦难才有意义，它们总有一天会转化为往后的幸福。"可我并没觉得我有什么财富，对我来说，苦难的经历和幸福毫不相关。

答：

我想跟你讲，经历不一定是财富，也未必会转化为幸福。

如果你能让经历发挥出价值，那就会成为财富，哪怕那些经历是痛苦的。如果你让经历绊住了你，阻碍了你的认知和见地，让经历成为你唯一的经验，甚至因此故步自封，盲目自在，那么经历就不是越多越好了。

一位智者曾经说过，你如果战胜了苦难，并从苦难中获得了新生，过上了幸福的生活，那就是财富。如果被苦难打败了，苦难还是苦难。

从我个人的经历看，一个人在苦难中也可以感觉到生命意义的实现，只要不被苦难彻底击败，而幸福感往往来自生命意义的实现。因此，苦难与幸福未必是互相排斥的。

怎样改变失望的局面？

问：

对这个世界的种种，我常常感到失望，却又无能为力。所以时不时会有怨言，我知道这样很消极，但不知道该怎样改变。

答：

在我看来，很多时候我们对外部的失望，是来自对自己的失望。这种对自我的失望通常是很隐蔽的，除非有足够的勇气去面对，否则很难被察觉。

在这个世界上，无论你感受到被爱还是不被爱，你始终是中心。正如"我越积极地看待自己，就会越看到世界的美好，也就越吸引积极的人"。

你的状态，会吸引与之相匹配的人和事物来到你面前，你的世界是由你自己决定的。愿你怀着美好的希望去看待这个世界。

怎样看待算命？

问：

我 35 岁了，有一个孩子，先生对我也还好。有一次我和先生起了争执，一向对我先生不满意的母亲跟我说漏了嘴，她说她给我算过命，我这辈子会离婚。我很惊讶，尽管不信，但母亲的话就像一个咒语一样时时在耳边响起。算命可信吗？我该离婚吗？

答：

首先，我要肯定地回答你：不要因为算命先生的一句话而离婚，那真的是太傻、太愚昧了。

其次，我来谈谈我理解的算命、卜卦这种现象。且不说有的算命先生只是为了做生意，即使是专门的研究，也只能是针对当时的情况来判定未来的某种可能性。然而，人的一生，各种因缘都是在不断变化的，哪有绝对的事情？如果是绝对的准确，那我们每个人都去算一下，然后就知道了自己的一生，不用努力，也不用改变了，岂不是很无趣？

除了小时候母亲给我算过命，长大后，我自己从来都没有算过，因为我的人生不想被设定。有，怎样？没有，又怎样？如果一个人的心态不好，很可能就被算定甚至算坏了。

我曾读过《了凡四训》，讲的是袁了凡先生的故事。他在算命时被告知，不但考不上进士，而且一生也没有儿子。于是，他心里有了一种"顺天应命"的人生态度，觉得人的一生全部都是注定的，那就随它去，自己也不去努力了。直到有一年，他去拜访一位云谷禅师。禅师对他说："命运是可以改变的。只要修养内心，增加道德，就可以改变。"还给他讲了很多经典。袁了凡就发愿要做三千件善事，多年以后，他不仅儿孙满堂，而且功名满满，是历史上少有的"文理全才"。

二百多年后，青年曾国藩读罢《了凡四训》，豁然惊醒，将自己的号改为"涤生"。"涤者，取涤其旧染之污也；生者，取明袁了凡之言'从前种种，譬如昨日死；以后种种，譬如今日生也'。"他说，决定一个人命运的不是风水、不是星座、不是命数，而是一个人的"心田"。

但是，一般人谁能遇到这样的禅师，又有几个人能产生这样的决心呢？所以，命还是不要去算为好，否则你的心容易被锁定。你只需相信"祸福无门，唯人自招"。

生命好比是一段一段程序，你怎么编写，它就怎么运行。我们一定要相信自己,相信时间,不要受控于那些虚妄的信息。停下来思考一下:"我和先生为何起争执?""我母亲为何不喜欢我先生?"然后从自己做起,改变过去错误的想法和行为,让家庭关系变得更和谐,你眼前的矛盾和烦恼,一定会随着自身的成长而烟消云散的。

 祝你们全家幸福!

心　语

- 人生无法全部完美，美在认真完成。
生活无法全部圆满，圆在全心全意。

- 努力成为一个有良知、有真知的人，
做一个幸福的人，并且让身边更多的人幸福，这是最大的福。

- 人生如梦，我们要依靠学习这场梦，让自己从梦中醒来。

- 当你的世界观变了，你看外面的世界也就变了。

- 做个好人不是为了得到什么，而是要坚信，这是对的。

- 很多时候我们对外部的失望，都是因为对自己的失望。

- 生命好比是一段一段程序，你怎么编写，它就怎么运行。

第二章

成长，是最大的财富

不管他人怎样，只管自己成长。
只要有方向，每一步都是自强，每一天都不一样。

我焦虑是因为没有目标吗?

问：

我一向很"佛系"，过得比较自在，也没有什么忧虑，因为我不想被所谓的"目标"束缚住。但是，我又会被朋友圈里别人的种种目标刺激到，越是年龄增长，越会受到刺激。尤其是不久前的一次同学聚会，我竟然第一次发现自己和他们有差距了，有点焦虑了起来。我焦虑是因为没有目标吗？

答：

其实，我们很多人误解了"佛系"两个字。它不是躺平，不是得过且过。我认为，它是积极随缘的态度，积极的是过程，随缘的是结果。否则，所谓的"自在"只是对自己缺乏勇气的一种安慰。

很多人的焦虑，其实是对未来的"不确定"生出恐惧，对自己正在做的事或想象中的目标产生了质疑，以至于无法控制自己的念头。其实，这些多是错误观念加上无尽的空想所交织而成的情绪。

你要检查一下自己为什么会被别人的"目标"刺激到，你为何不敢有目标。

我读过一个登山家的一段话："一个人在下决心之前容易犯犹豫不决的毛病，容易退缩，效率低下。但重要的是，当你真正决定兑现承诺时，命运也会开始帮助你。如果不清楚这一点，再好的想法和计划也将付诸东流。开始为自己的承诺付诸行动时，人们会发现，他们的运气开始变得出奇好。我相当欣赏歌德的一句话：'无论你能做什么，或是你想做什么，行动吧！勇气本身就包含了智慧、奇迹和力量。'"

目标（有的人叫愿景）的作用不是用来约束自我的，恰恰是来帮助我们解放自我的。这样讲可能有点奇怪，但确实如此，因为它会让我们安心地去经历过程。知道山顶在那里的时候，我们就会一心一意地去攀登、去享受过程的精彩，但如果盲目地踏上路途，我们必定会为走向哪里而焦虑不安。

所以，要有愿景，但能否实现倒是其次，因为需要太多的因素。或者说，愿景的第一大意义不是用来实现的，它本身就是意义，不是结局。为实现愿景的过程，比达成愿景更能带来美好的体验。

一位老师告诉我们一句话："愿景要圆满，行动要务实！"

所以，无论你多大年龄，我建议你要给自己树立一个目标，在迈向目标的路上，你的焦虑感自然会减轻。

如何突破自我取得成功？

问：

这几年我到处学习，广交朋友，时间和金钱花了不少，但比起身边人的进步，还是差了一点。我渴望成功，当然这个不是跟别人比，而是我自己理想中的成功，我不知道如何去突破自我。

答：

首先送你四个字："增福增慧。"

生活中处处是竞争，我们要关注什么呢？我的看法是，我们要把功夫放在修福修慧上。

其实，一切都是带不走的，包括现在看起来实实在在的东西，也包括你说的成功。唯有"智慧"和"福德"这两样看不见的东西是可以永恒留下的，而且是稳妥又不带风险的。由此，我们便可知道，现在需要关注的重点是什么了。

其次，送你一个关键词"专注"。

每个人活着总会有所专注。专注于热闹的人，就很难沉静；专注于交际的人，就很难独处；专注于外面的人，就不容易看到里面；专注于娱乐游戏，就不会踏实捧起书来读；专注于这个人，就容易忽略另外的人……

你不专注于这一样，就会专注于那一样。无论以何种方式，你专注于自身生命的成长时，就会对外界的纷繁无动于衷。如此，你对物质和精神的免疫力便会加强，你的本力就会增长。

现在，你问问自己，你学习专注吗？到处学习并不能证明什么，证明好学？好学给谁看呢？广交朋友也不见得会对你的成长有帮助，有时候反而会消耗你很多精力。

学习和成长，恰恰需要舍弃一些东西，甚至要甘于面对孤独。

如何检验自己的成长?

问:

我在个人德行修养上做了很多功课,一直在往前走,自我感觉是有所收获的。但家里人说我没有改变,固执依旧,脾气还是那个脾气。因此,我感到有点沮丧,要怎样检验自己是否进步呢?

答:

我认为,人的成长其实不是一个简单往上走的过程,它是循环往复螺旋式上升的。提高了一部分,然后可能还会降下来,再往上,降降升升,升升降降,但最终会站在更高的地方。

真正的成长不在于做了多少事、听了多少课、读了多少书,这些都只能算是一部分。真正的成长还在于观照自己内心的能力。你不再像过去那样随着习性走,跟着感觉走,随波逐流。你不会轻易受外界的刺激,你会冷静地思考并且明白地告诉自己:我应该做什么。也就是说,你的行动不再靠外在的欲望刺激来推动,而是靠内在的愿望激励来驱动。

我们检查自己成长与否,可以有三个指标:
第一个,我的智慧有没有增长。
第二个,我的慈悲心有没有增长。
第三个,我的忍耐力有没有增长。
很明显,前两个可能不容易看清楚,第三个比较容易看清楚。
也就是说,在以前,外在的人事因缘一刺激你,你马上就会反应,很快就被套住,然后迷惑。你生起气来,可能持续几分钟几小时,甚至几天几月都忘不掉。而现在你如果学会了内观,尽管还会受到干扰,但你至少可以保持不动,不会马上做出反应。那些外在的因素对你干扰的影响降低了、淡薄了,或者说你即使做出反应,也会在几秒钟内平静下来,你不再被它们带着跑。如果平静下来后,还能在起心动念处做得了主,将一切发生视为自己成长的助缘,透过问题来积累自己分析和解决的能力,那就是自在智慧的境界了。

所以说,你是在装模作样地学习用功,还是在真修实研,你自己最清楚,最好的检验标准是:突然面临问题时,或者面对别人的挑拨时,你有什么情绪反应,是否能够做到平静安定,是否能够做到不动、不取、不迷。

如何判断一个人是否靠谱?

问:

我是一位主管,本意是想给一些积极上进、办事靠谱的人机会。但在提拔下属的时候还是会感情用事,或者是看错人。有什么判断人的简单方法吗?

答:

送你两个字:"忠"和"恕"。

孔子的弟子曾子曾经对人说:"夫子之道,忠恕而已矣。"我觉得这两个字对识人、用人是一个非常好的衡量标准。

"忠"是指对他人尽心尽力,这就意味着要关注他人的需要,并主动提供支持和帮助。同时,"忠"也是严以律己,不断追求自我进步和完善。这样的人定会创造出良好的业绩。

"恕"则是指宽恕他人的错误和缺点,这是一种对他人的尊重和理解，也是追求自己内心的平和与宁静。"己所不欲，勿施于人"，在日常工作和生活中，一个人如果懂得换位思考，体谅他人的立场和感受，用包容的心态去看待他人的不同，那这个人就是秉持"君子和而不同"原则的人，这样的人可以建设好团队。

其实，不光是提拔人，平时交往中我们也可以这样去判断一个人是否靠谱。一个人能做到忠和恕，就值得长久相交。

怎样快速增长智慧？

问：

同样是学习，以前在学校的时候，我能考高分。工作后，我也有功课研习，但我明明比别人更努力，花的时间也长，做的笔记也多，却总是比别人成长慢。有人说："智慧不够，进步才会很慢。"那要怎样学习才能快速增长智慧呢？

答：

我曾经听说过这样一句话："成功的秘诀在于深耕，慢慢来，才会比较快。"专心一处，无事不办。我们应沉下心来，向深处探索，把一件事做到极致。

学校里学的主要是知识，走出学校之后需要智慧。你花很多时间，可能学到的只是知识。知识是术，可以通过背诵记忆获得；智慧是道，要靠自己领悟、发现、融会贯通。

在《论语》中,有一段孔子和学生子贡(字"赐")的对话。

子曰:"赐也,女以予为多学而识之者与?"对曰:"然,非与?"曰:"非也,予一以贯之。"

孔子对子贡说:"赐呀,你以为我是多多地学习就能够记得住的吗?"子贡答道:"对呀,难道不是这样吗?"孔子道:"不是的,我是用一个基本观念来贯串它。"这个"一以贯之"就是融会贯通,是对规律的发现,对智慧的领悟。

当然,这并不是一日两日的事。建议你找一位好的老师。其实,我们的一生都需要老师的引领。因为门门都有道,就怕自己摸不到。

如果一时找不到,那就去亲近经典吧!阅读经典,就是"深入经藏,智慧如海"。通过闻、思、修,智慧将日益增长。

我们拥有很多经典,钱穆先生曾经推荐过一些作为国人一定要读的经典,如《论语》《孟子》《老子》《庄子》等。我觉得,作为现代人,读经典是最好、最便捷增长智慧的方式了。

不过,我们学习经典,也最好有同行的人,即"善友相依",否则很容易懈怠和放弃。

最靠谱的学习方式是什么?

问:

在网上看到很多人讲学习方式,我尝试了都不适合。我们成年人最靠谱的学习方式是什么?

答:

我可能比较笨,个人能总结出来最靠谱的学习方式是"熏习"。

什么叫熏习?"如世间衣服,实无于香,若人以香而熏习故,则有香气。"比如衣服,它本身是没有香气的,现在以沉香来熏习衣服,这衣服就有了香气。

也就是说,即使这个学问再好,若没有足够长的时间浸润其中,最后对我们的影响也不大。比如,暴风雨从来都不能把石头打穿,只有水滴石穿。有经文说:"莫轻小恶,以为无殃。水滴虽微,渐盈大器……莫轻小善,以为无福……"

"近朱者赤，近墨者黑""学而时习之""橘化为枳""孟母三迁"等，讲的都是熏习的力量。一门深入，温习勿忘，日久功深，豁然开朗。

很多人比较容易受环境的影响。一个人在某个环境中长期耳濡目染，会受到潜移默化的影响，从而改变气质。明白这一点，我们就会常常接近好的、善的、美的人和事物，只有这样做方可成就好的、善的、美的人生。

我个人的学习和进步，都是从遵循某个规律、建立某种习惯，一天又一天去简单重复开始的。过去两年，我们有一个晨读小组，因为每日的坚持，虽然每日只读一个小时，但足可以影响整个内心状态。

一个人学习，容易半途而废；一群人一起学习，容易持久。如果你是一个特别容易受环境和别人影响的人，尤其要注意选择适合学习的圈子。当然，你最终会选择什么圈子什么样的人作为自己的熏习之所，也在于你的因缘。

和好友产生了分歧,怎么办?

问:

最近,我学习回来和好友分享了一些观点,她很不屑,并且直接表示不接受,聚餐也不叫我了。我坚信我的道路是正确的,但我该如何去维持这份关系?我如何帮她?因为她过得并不好。

答:

很多人,包括我在内,都经历过这种因为各自所选道路不同而带来的关系隔阂,"道不同,不相为谋",这是正常的。随着个人的成长、变化,人与人的这种距离、观念之差会越来越大。

你们的友谊已经面临考验,你已面临选择。

你是想坚持你的道路(前提当然是你走的确实是正道),还是维持这份关系——也许她早就想要离开你了,只是现在有了个理由，这点你应该更清楚。

当然，还有个更好的选择，那就是你切实成长后，再有能力和因缘去影响她，你们的友谊就会升级。不过，这是一种理想状态。

我认为，在这个世界上，除了我们的家人亲人、业务关系密切的人需要去维持，其他的人来人去都很正常。另外，还有两类人也值得你放在心上，一是帮助过你的人，二是信任你、需要你且你也能提供帮助的人。

我们不得不承认，有些人，你即使想帮也无能为力。就像一个医生，他有很好的药，有的病人相信，吃了就好了；有的病人不信，就不要硬塞给他，他即使勉强吃了也不见得会好。

《论语》记载说，子贡有一天请教孔子怎样善待朋友。子曰："忠告而善道之，不可则止，毋自辱焉。"意思是说，你要诚心诚意地劝告他，善意地引导他，如果他不愿听，那就算了，不要自取其辱。

我想续解一下：不要因此怀疑自己，当然也不要去贬低别人，因为别人有自己的选择。你要知道，有的人对进入新的领域会有恐惧和障碍，所以，祝福她就可以了。

如果你坚持走在自己认为光明的道路上，有自己的议事日程，一些无关紧要甚至消耗你的人、事自然会慢慢地远离你。当你有了看得见的成长，那些不认同你的人，说不准会重新靠近你。

人间最珍贵的友谊，不靠吃喝玩乐维系，也不以有用与否来区分，而是依靠善友、患难之友共同维持。正如我的一位朋友所说的："即使不常联系，但我一直相信你在那里。当我想起你时，随时可以走过去，我们并肩走一段。"

永远记住：成长是自己的事。不管他人怎样，只管自己成长。

求知欲也是贪吗？

问：

我有很强的求知欲，有朋友说我很自私，这也是一种贪婪，我不太理解。这难道不好吗？

答：

求知，当然是好的。但你朋友说你自私，你不理解，因此有了上述疑问，这说明你在日常生活中做事看问题可能有所偏颇。

就我个人理解而言，"贪"这个字，带有一定的指向性。无论求什么，如果一个人为自己的私利和享受而求，那就是贪婪，它会把人带向偏激，甚至带入深渊。

一个人如果怀着一份责任，为他人、为国家、为众生求，为发挥生命存在的意义而求，无论所求是知识，还是财物、地位，都不叫贪。它会把人带向广阔的天地。

比如，有的人真心想通过知识帮助大家，一些科学家为国家的强大孜孜以求，甚至可以牺牲生命，那是追求责任和履行使命。

求知，是为了开智，如果不能，多求何益？

子曰："诵《诗》三百，授之以政，不达；使于四方，不能专对；虽多，亦奚以为？"

孔子说："一个人即使读完《诗经》三百篇，把政务交给他，却办不成；派他出使外国，又不能独立交涉。即使书读得再多，又有什么用处呢？"

孔子就特别强调个人的价值担当，因为一个人的时间和精力毕竟有限，在其位，谋其政，要学以致用，要让生命的价值最大化。

当然，我们现在很多人离开学校后的读诗、求知，是一种业余兴趣爱好，这是个人的选择，是向上的表现。

如何才能学会放下？

问：

虽然有些道理我也懂，也看了很多书，但心里还是有所牵绊，一遇到问题就慌乱不淡定了。如何才能放下呢？比如，面对孩子的种种陋习，我可以放任不管吗？

答：

知道但做不到，等于不知道。这说明你的理还没通，你没有真正明白，只是有一种知识储存在你头脑里。想法是变来变去的，只有当它入心了，你才能真正淡定。有一句话叫"看破放下"，只有真正看破了，才会放下，否则就是心有挂碍。

所谓入心，一是要持续地学习和思维，明白事情的真相；二是要有意识地练习。有一本书叫《刻意练习：如何从新手到大师》，比如遇到事，先不动，把这个"不动"练习到位。如果一开始做不到，可以先转移，转移到其他正向的事情上去。比如，去散步、去读书，慢慢地进展到不用依赖其他事情。

我们一定要刻意练习，其实这就是我们所说的修行，修行就是修心。要知道，我们要对付多年以来顽固的习气是很难的，不是懂一两个道理就可以的，要一点一点地破，一件事一件事地练，直到能够达到自然而然的境界。

另外，放弃和放下是不一样的。"我现在不管他了，放下了。"这不是放下，而是消极地放弃。放弃解决不了根本问题，只能被动地等待奇迹；放下能让问题的症结慢慢松开，是主动的、是充满希望的。

我的觉悟提高了吗?

问:

三年前想不通的话,我现在听明白了。这是不是表示我的觉悟提高了?

答:

经常会有咨询者跟我反馈和你类似的情况。有位咨询者说,她曾经对我的文章并不那么有感觉,但有一天她遇到了问题,无意间阅读了我的一篇旧文,发现字字句句说到了她的心坎上。她简直如获至宝,迅速地从困扰中自拔了。她说,自己有了一种强烈的觉悟感。

所谓"觉悟",我从字面上拆解,"觉"字有"见","悟"字有"心"。觉悟,就是照见自己的心。因一篇文章,因一件事,因一个人,照见了自己的样子。所以,觉悟,并非一件高深莫测的事，并非与我们普通人无关。

学习也好，成事也好，孩子也好，成人也好，其实都有时机问题。时机到，因缘具足，一切就会豁然开朗。

所以，我也可以说你是觉悟了，祝福你！但它并不能一直保持，依然要靠你的意愿和专注。不过，这种情况一旦发生过，便容易经常出现，慢慢地也会变得稳定。所以说，生命在于体验，实践出真知。

所以，有些东西不是通过拼命努力得来的，而是需要投入身心去体验，也需要时间和契机。否则，即便一个如金子般宝贵的东西放在你面前，你也会视而不见，还以为是沙子呢。

怎样才能让年轻人少留遗憾？

问：

为了少留一些遗憾和后悔，请为我们年轻人提一些成长的建议吧！

答：

谢谢你们的信任！这是我特别愿意做的事，作为曾经的年轻人，我分享八条建议供你们参考。

一、多去实践

做事要想成功，需要很多条件，而理论只是提供了一个理想模型。实践往往比知识本身更重要，或者说实践能将知识变活。一个人可以在实践中理解生命、完善生命。

二、说话谨慎

很多人都读过《弟子规》中的这几句话："凡出言，信为先。诈与妄，奚可焉。话说多，不如少。惟其是，勿佞巧。"不要信口开河，否则覆水难收。

因为嘴快，吃了亏；因为嘴多，惹了祸；因为嘴花，失了本；因为嘴毒，伤了人……水深不语，人稳默言。智者语迟，愚者语多，少言为贵，言必有中。正如孔子所说的"君子敏于事而慎于言""先行其言而后从之"。

三、多读多看多写

各种娱乐和交际固然热闹开心，但确实容易让宝贵的时间消逝得更快，还可能让你变得浮躁。年轻人要多读些经得起时间考验的好书，多去看看外面的世界。如果能够书写、记录，一定不要错过。

四、尽早了解自己

尽管了解自己很难，也是件终生的事，但还是要尽早了解自己。应早点明白自己喜欢什么，能做什么，不能做什么，这辈子想干什么，不该干什么。少些犹豫，多些果断，便会拥有更多机会成就什么。哪怕会走弯路，走错路，代价很大，那也是值得的，每一步都不会白走。有人说："一个人生命中的最大幸运，莫过于在他年富力强时发现了自己的人生使命。"我越来越认同这句话。我很遗憾自己在年轻时总把精力放在了解别人上，而忽略了自己的需求。

五、有底线

年轻时要学会去尝试一切可能，不要给自己设限，但在各方面的行为举止上一定要有底线，没有底线的探索是很可怕的。也就是说，要有自律和节制。

六、培养兴趣和好习惯

年轻时培养的兴趣和好习惯会影响一个人的终身，至少要养成一项积极的终身兴趣和好习惯。比如说运动，无论对健康状况、生活品质，还是对事业都很有帮助。有些陋习，比如说抽烟酗酒这类，尽管能带来一时爽快，但最好不要沾染，否则一旦成瘾真的很难改。

七、交好朋友

要交志同道合的朋友。我们年轻时很容易受外界和他人的影响，所以交往什么样的朋友，对自己的影响实在太大了。一方面，我们不要错过结交好人的机会；另一方面，不要被坏人坏事影响。近君子，远小人。

八、懂得付出和感恩

不要怕吃眼前亏，不要事事计较，做人做事不要小气。平常比别人多干点活多付出点，多点感恩心，包括对亲人对朋友对这个世界的感恩，这是过上幸福生活的前提。越早认识到这一点，对我们的人生越有帮助。

不要被一时的利欲蒙蔽。欲看最好风景，便要更上层楼。

知道做错了,但改不了,怎么办?

问:

我做错了事,但又改不了。感觉很糟糕,感觉自己不可救药……今天来找你,你能骂我一顿吗?

答:

我不会骂你,但会问你:"你是改不了,还是害怕去改、不愿去改?"或许你只是陷入了坏情绪的泥潭。

说到底,其实没有什么是不能改变的,就看你愿不愿意、有没有决心。

打个比方,当发现自己走错路时,你至少可以先马上停下,如果还是不知道怎么走,就马上查导航或问询他人。知道怎么走了,就马上向目标走去。

马上!马上!马上!这就是改变的行动。行动就是力量,行动就是不让你糟糕的坏情绪有得逞的空隙和机会。

我、我们、大家都曾做错过事情，现在依然偶尔会有过错。重点是知错而后改之，而不是只陷在糟糕的情绪里出不来。

对于错，孔子和他的弟子说过这样几句话：

第一句："过则勿惮改。"

有了过错不要害怕去改。做错了事要有惭愧心，这是一个正常人的反应，如果一点惭愧心都没有，那才是不可救药。但不要停留在自责上太久。自责的心理一旦太重，你在惩罚自己的同时，也就怜悯了自己，两相抵消，结果是又允许了自己。就像小时候，妈妈边责骂你边又心生内疚，然后边可怜你边讨好你，下一次你又重复以前犯过的错误。

第二句："君子之过也，如日月之食焉：过也，人皆见之；更也，人皆仰之。"

君子的过错，如同天上的日食和月食一样，你有了过错，其实大家都看得见，只是有人或包容你或忍耐你或不屑你，不说出来而已。如果你以为别人是看不见的，那是自欺欺人。但你去改正了，大家都会敬仰你赞叹你。大家最后往往是看你的"改"，而不是看你的"过"。

第三句："过而不改，是谓过矣。"

人非圣人，孰能无过？有了过错而不改正，任其错下去，一错再错，这才叫真的过错。明知道自己走错方向了，还一意孤行地走下去，不思后果，就大错特错了，只会离目标越来越远。

第四句:"成事不说,遂事不谏,既往不咎。"

已经做过的事情不用提了,已经完成的事情不用再去劝阻了,已经过去的事情不必追究了。

第五句:"往者不可谏,来者犹可追。"

过去的事不可挽回,将来的事还来得及。

我们的很多苦恼,大都是源自喋喋不休于过去,从而滋生出怨、憾、悔、恨、哀、戚等种种负面情绪。过去的就让它过去吧,我们把目光投向未来,把行动安住于当下。

心　语

· 读万卷书是好的，但最好能深入经典。

· 最靠谱的学习方式是日有熏习，
能破石的往往不是暴风雨，而是滴水石穿。

· 成长是自己的事，和他人无关，和面子无关。

· 看破，才能放下。能看破的，不是眼睛，是智慧。

· 放弃不等于放下，前者是被动地等待奇迹，
后者是主动的、是充满希望的。

· "觉"字有"见"，"悟"字有"心"。
觉悟，就是照见自己的心。

· 没有什么是不能改变的，就看你愿不愿意、有没有决心。

第三章

心安还须心法

心生则种种法生,心安则时时平安。
有心在,方法自然在。

我的心在哪里？

问：

我经常莫名其妙地感到不安，每天活在担惊受怕中，总感觉会出什么事，老公骂我神经质、小题大做。我为什么会这样？要如何才能心安呢？

答：

中国的禅宗有个非常有名的公案，不知道你有没有听说过。禅宗二祖慧可去见初祖达摩，慧可说："弟子心不安，请师父帮我安心。"达摩没有给他任何法门，对他说："你把那个躁动不安的心拿出来。"慧可听了顿悟。"觅心了不可得"，心就安定了。

三祖僧璨遇到二祖慧可时也是这个道理。僧璨说："弟子业障深重。"慧可说："是谁绑住你了吗？"僧璨顿悟："没有人绑住我啊！"

上述小故事阐明：我们所有的不安，其实都来自自己的妄想（虚幻想象）。说白了，很多担惊受怕都是无中生有。操心过度的人，其实也是控制欲很强的人。你不安的原因，这个至少占一半。另外一半，是因为我们的智慧不够，那个想象占据我们思维的时候不知道怎么处理它，只能任由想象的势力变得强大，控制了我们整个身心。

生活中的很多障碍是客观的，很多人都会遇到。谁都不会比谁轻松多少。那为什么有些人好过些，甚至看不出他遇到障碍呢？因为他有智慧的观察，他心中有一个力量，能够跟障碍保持隔离。比如说，你学习时有人在旁边吵闹，你就不安心了。但是有智慧的人心里有洞察力，他会想，那个声音是客观存在的，跟自己并没有什么关系。自己主观地去和它关联，你就会不安；你如果不理它，它归它，你归你，就可以心安。

怎样从过去走出来？

问：

我经常被过去的事情困扰、纠缠，明明知道它们已经过去了，但就是挥之不去，怎么处理都是徒劳，它们实实在在地消耗着我。我该怎样从过去走出来？

答：

没有人要你去处理过去，但你值得去做好一件事，那就是把过去归零。我们改变不了过去，也消灭不了过去，因此最好远离过去。我们不要住在过去里面，粘在过去上面。这是我这些年来学习到的一些领悟。

如果说是过去的经验造就了你现在的模样，那么过去又是怎么来的呢？过去的过去呢？你不断往前推，一段一段推回去，推到最后，你会发现，就像剥洋葱一样，剥到最后什么都没有了。

因此，只要知道它不是你原来的东西，那你就可以摆脱过去了。摆脱过去，不是要求你消灭过去，你只要不粘着、不执着于过去就可以了。

我们要处理那么多过去的事情，最好的办法就是把心归零。这个时候便是"却来观世间，犹如梦中事"。如果实在做不到，最直接的办法就是给自己多安排一些事，让自己忙碌起来，或者多运动多锻炼。

很多人老是沉溺于过去，是因为太无聊了。罗曼·罗兰说："生活中最沉重的负担不是工作，而是无聊。"人一旦闲下来，就会慢慢地无中生有，有很多的时间去胡思乱想，去患得患失，去纠结不清，在剪不断理还乱的莫名情绪里迷失自己。

世上有三种东西无法挽回：一是泼出去的水，二是流逝的时间，三是错过的机遇。让自己忙起来、动起来，动起来才能向前。

俗话说："人闲是非多，百忙解千愁。""忙碌把时光缩短，苦难把岁月拉长。"

忙，是解决"过去病"的良药。

经常走神怎么办？

问：

我在日常工作和生活中，常常走神，心容易跑掉，有很多杂念，因此总陷入自责和后悔中。我为什么管不住自己的念头？有什么特别的控制方法吗？

答：

容易走神是常态，是正常的。我们首先要认识这个事实。当我们说"我要管住自己的念头"时，并不是要强迫自己的心一动不动待在某处或者禁止走神。如果你尝试用手或一块石头去阻断水流，那水压会在几秒钟之内让你前功尽弃。同样地，尝试遏制经常生起的念头之流，必定会失败，甚至可能面临心理障碍风险。你尝试压制念头和情绪，它们必定会更强烈地再度浮现，成为你的敌人。

我们别去指责自己为什么那么频繁走神，也不要要求自己寻找某种"怎么可以不走神"的方法。我们要去树立一个"认识心的活动"的目标——看到心走神，什么时候走神，再次走神，再次看到走神，然后再走神，再看到……心走神了，知道；心跑了，知道；不想走神而去压制，也知道。

知，才能"止"。

总之，要去认清念头从来不是真正的存在，它们只是虚幻的想象。既然不实，也就不会停留在存在的状态或止灭。无论念头有多少，你如果知道如何在念头生起的那一刻看见它们，释放它们，念头就不会给你带来伤害。让它们来，放它们去。

追求快乐有错吗?

问:

我的性格比较矛盾。比如,我会边享受快乐边感到不安。我听一位长者说过,快乐是危险的,要克制、要避免。追求快乐有错吗?

答:

追求快乐是人的本能,这当然没有错,但要看你是追求怎样的快乐。我想那位长者要表达的意思,你可能没有听全面。

天台智者大师讲过一个非常贴切的偈颂:"诸欲求时苦,得时多怖畏,失时怀忧恼,一切无乐时。"

也就是说,你想要追求快乐,想从物质中获取快乐,那就有两种结果:

"得时多怖畏。"比如,你得到了某些东西,你很快乐,但是这种快乐稳定吗？不稳定，因为你求来的东西是很脆弱的，你很快就会落入二元对立——得与失的顾虑中。你一旦得到就会开始害怕失去。所以，你要么想追求更多，搞得自己很辛苦；要么为了防止失去，拼命挽留，这也很苦。但是，无论你怎样努力和辛苦，它们终有一天会离开，这就是第二种："失时怀忧恼。"因此，你说"边享受快乐边感到不安"，这也是一般人的正常心态。

快乐没有错，快乐本来也是善的招感，错在"求"欲——"诸欲求时苦"。

你说，那不求好了，我就躺平，什么都不干。那叫放弃，是另一种极端。你很快会陷入空虚。

那不追求快乐，我们追求什么？

追求安心。你把自己的心安稳了，快乐便会涌出来，那是从内心里源源不断涌出来的。这种快乐不是你渴求来的，也不是你躺出来的。所以，你不会怖畏，失去也不忧恼。

总之，你不向外求，你向内安住，外面的世界花花绿绿，你不用管。你会想那要吃亏的，会失去机会的。放平心态，该是你的福报一点都跑不掉。你只管守好自己的本分，快乐会来找你的。

怎样消除担心与恐惧?

问:

我性子比较急,对未来充满各种担心与恐惧,包括学业、工作、金钱、人际关系等,所以过得很不放松。直到最近,我颈椎出现了严重问题,去看医生。医生说,这是过度紧张造成的躯体反应。现在,我的身体是在休息了,但我的大脑更忙碌了,因为我产生了更多担忧。

答:

不要担心学业没成果,要担心用功够不够。

不要担心找不到工作,要担心努力够不够。

不要担心赚不到金钱,要担心智慧够不够。

不要担心不受人尊重,要担心德行够不够。

…………

我觉得，你的诸多烦恼确实是因为担心太多。关键是，你还担心错了，这是错用了心。

你要思考，什么东西应该用心，什么东西你不必用心。浪费了时间、精神、体力而错用心，问题和麻烦反而会越来越大。

我认为，你的问题是想得太多，做得太少。

《小王子》里有句话："正因为你为你的玫瑰花费了时间，这才使你的玫瑰变得如此重要。"请问，你的玫瑰是什么？你该用心在何处？

恐惧无法被消除，只能用爱和勇气去和解。你如果为面前的这条普通河流感到恐惧，那就做个勇士吧！去面对它，去体验它。跳下去，你才会知道，它不是海啸，它只是一条河流。原来，它并不那么可怕，它吞没不了你。可怕的只是你不断叠加的幻想，就像那堆肥皂泡。

从另外一个角度，我借用《论语》中的一段对话与你分享一下。孔子的学生司马牛曾问孔子怎样才是君子。孔子说："君子不忧愁不恐惧。"司马牛说："不忧愁不恐惧，这就叫君子了吗？"孔子说："内心反省而不内疚，还有什么可忧虑和恐惧的呢？"

孔子对弟子们的教育大都带有很强的针对性。因为司马牛正直善言而性情急躁轻率，未及深思就以为什么都很容易。所以，孔子耐心地引导他要向内省察自己。一切无负于人，自然心中无所愧疚，心胸开阔、坦荡，也就无所忧愁、无所畏惧了。

如何调整心绪？

问：

"我的心像一匹脱了缰绳的野马一样奔驰着……"我今天在日记里写下了这句话，发现真的好贴切！另外，我还读到一个很应和的词，叫"调心"，也就是调整心绪。我这颗狂奔不歇的心，该如何调？

答：

就像调教一匹马，就像调一根弦，我们的心绪，确实是需要调整的。我给你分享一段弘一大师的话，供你参考："我们调心要知道中道。什么叫中道呢？就是你处在顺境的时候，心志得意满，容易出差错，要用收敛法来调心，要不断观察自己的不足。处在逆境的时候用开阔法，告诉自己没关系，还有希望，一时的成败不能论英雄。这就是调。"

我个人认为，面对诸多事情，要有一种洞察力，让自己这一念心，如若调弦，松紧中道。

从另外一个维度看，我们在行动前可以思考一下自己是出于什么心。如果是因为外界刺激而产生的心，或一时的高兴，或一时的生气，或一时的虚荣，或一时的不服，那就果断地舍掉它，不动心；如果是因为一个积极的愿望、迫切想要去改变现状而产生的心，那就勇敢地去顺从它，它怎么想，就怎么去做，不要犹豫，心动就马上行动。这时候，无论有怎样的经历，都会让你感到非常有意义。

如何从负罪感中解脱？

问：

过去因为不懂事，我做了很多令人羞愧的事，放在心里一直有一种深深的负罪感，又不好意思对人说。我该怎么办？

答：

我认为，有一个办法——忏悔。如果你在具体的人面前忏悔感觉难为情，那你或者对着天地，或者对着墙、树（洞），或者对着你的电脑、本子，什么都可以，把你心里的事情原原本本地讲出来，表达你的忏悔。忏悔就是清洗，就像身体脏了要洗澡一样。

有些生活压力比较大的人，会把忏悔作为一个定期功课来做，他们认为，这是非常解压的一种方式，是一种心灵解脱。

忏是惭愧，悔是改过。忏悔之后就放下，因为你本来就不是那么不堪的人，当初只是各种因缘一念动心而起，所以，它也可以一念动心而灭。

如果你有能力，也可以以此提醒他人，不要做类似的坏事。这既是行善之举，也能减轻你的负罪感。

怎样让身心更健康？

问：

我身体比较弱，经常生病，因此也很自卑。要如何克服这些，让身心更健康？

答：

关于你说的身体有疾病并由此带来的自卑，我想，人这一生偶尔会生病，只不过大家的病不同罢了。生病了需要及时看医生，此外，我们也要寻找病根。

我把最近读到的一段关于对疾病的另一类解读分享给你。

"我没有生病，我只是被提醒需要改变；我没有生病，我只是忘失了爱与恩典；我没有生病，我只是在体验众生的苦难。"

不妨对照一下，疾病的背后，你是不是该下定决心走出原来的局限，某些习惯是否该做出改变了？你是不是在过去的生活中缺少了爱与感恩之心？

当然，如果你能生出一种"我只是在体验众生的苦难"的认识,那么你的痛苦当下就可以减轻,你很可能会因病得福成"良医",能帮助到正在遭受同类痛苦的人。

我见证了一些我认识的抑郁者的故事,他们正在以自己受过的苦,去帮助其他人,助人助己。

有些失去,是拐弯；有些失去,是提醒；有些失去,是在保护你,让你躲过更大的劫难。这确实也是我的亲身体验。

至于如何更健康,会涉及很多因素。中年之后,我的身体也时常会出各种小状况,时常向我发出警报。所以,我能送给你的就是"规律"二字。任何事情,只有遵循规律,才能有一个好的结果。破坏了健康的规律,就不可能得到健康。

我们如果认真观察那些长寿的人,会发现他们往往过得比较有规律。另外,我也发现,一个人如果喜欢亲近自然、心平气和、积极乐观、时时精进不懈怠,也往往很健康。这里,特别要分享的一点是,生命健康的养成不是闲散无事,而是积极奉献,如此坚持下去,健康、自信便可两相成。

敏感的人如何远离伤害？

问：

可能是太敏感了，我总是容易被我在乎的人伤害，他们表示没那意思，可我分明听出了那意思。有什么方式能让自己远离这种伤害？

答：

人除了有意识地进行物理隔离（就是避开一些敏感场），还要做好心理隔离。

有一个概念叫无分别心，指舍离主观、客观之相。

我的理解是，人与人的因缘确实有深有浅，有些人跟你讲话，你可能不放在心上或根本不当回事。但同样一句话，换其他人对你讲，你就感到很严重，尤其是你在乎的人跟你说的话，一旦触及你的神经，你可能几天都无法从负面情绪中走出来。原因是你的分别心太重,你对自己在意的人的话着相了,这个相在你心中挥之不去。

要想让自己走出来,你就不要有分别。有些话你虽然听到了,也感到很难过,但请不要留在心中再继续"讲话",也就是说,你不要在心中再去分辨这个话是什么意思,对方为什么要这样说……你不要去诠释它、解读它。你虽然做不到不听,但你可以把分别心关掉——你没有意见,它很快就会脱落。如果你一直放在心里不断琢磨它,那问题就会越来越严重。

易怒的人怎样改掉坏脾气?

问:

我容易生气,总是留给孩子和家人一种脾气不好的形象。这个很难改,我很懊恼。怎样才能改掉?

答:

我认为,任何一种习气的形成,都是你用某种"粮食"不断喂养出来的结果。

愤怒的"粮食"是什么?就是我执——坚持以自我的需求和利益为中心,以维护自我的重要性和优越感为中心。影响到自我需求、利益,或遇到自我重要性、优越感被忽视的情况一旦发生,都会引发生气,成为愤怒的"粮食"。本质上,就是因为你心量不够大,容不下别人,听不进别人的意见。

想要改善这种习气,最快的方法就是自他交换,也就是换位思考。比如，你和孩子发生了不愉快，你先从你的角度走出来，走出你的位置，站到孩子的位置上看看：如果我是他，我会怎么想？你真的会发觉，其实孩子只是想要保护自己，他并不是冲着你来的，他只是想维护自己的立场，你不也是这样吗？所以，你并不比他高明多少。

建议你经常这样想："如果我是他，可能也会做出同样的反应，说出同样的话。我们都是在维护自己而已。如果我不需要在他面前拼命维护自己，他也不会那么顽固，我就不需要生气了。"

经常换位思考，就不会与人对立，你会变得更加包容，气量更大，天地更广。

我为什么总是抱怨？

问：

大概我是一个容易抱怨和懊恼的人，所以我的朋友很少，经常一个人独处，我觉得自己有心理问题。我为什么总是抱怨？

答：

我认为，你的种种抱怨和懊恼，并不是什么心理问题，但你要检查一下自己的反应模式。

你要追问自己："我为什么抱怨？"

如果你是因为受挫了或者为逃避做事而找的理由，那么你要警惕了，这个抱怨就是"贼"，它不但无法带给你力量，而且还会偷走你的斗志，让你遇事就把责任推向外面。

我看到有些中老年人，他们年轻时频繁挂在嘴上的抱怨，最终成为他们的整个人生。

如果你是因为自己的独立思考而看到了事情的本质,那你就有能力将抱怨之心转化为自己努力的动力,因为你对现状不满,所以你会想着去改变。

你要明白自己的抱怨是从哪里来的?这个很重要。

对年轻人来说,有点抱怨也是正常的,因为毕竟生活在这个世界上总不能事事都如愿,或多或少会遇到不如意的事情。有抱怨也不全是坏事,就看它的发展方向是往哪里去。希望你能在发出抱怨的第一时间里,明白自己在干什么,不要被它带向消极的境地。

如何降伏傲慢心？

问：

我从小比较自信，却经常被身边的人说成是傲慢，我自己一直不觉得，直到最近发生了一些不利的事，我开始怀疑自己。要如何觉察和降伏傲慢心？

答：

《论语》里有这样一句话："子曰：'君子泰而不骄，小人骄而不泰。'"

孔子说："君子泰然自若而不傲慢，小人傲慢而不泰然自若。"泰然自若和傲慢都是自信的一种外露，但因为自信的根源不同，导致它们在本质上天差地别。君子的自信来源于对自身品格和能力的内在笃定，小人的自信来源于外在的职位、财富或者其他的优越感。君子表露出来的态度是泰然自若、不卑不亢，小人表现出来的则是傲慢、得意。

我引用孔子的话并不是说你是小人。其实,大多数人最难觉察到的是自己的傲慢心。很多人经常自以为是,自以为自己是对的,自以为喜欢的人和事是对的,然后极力维护这个"对"。

傲慢心的另一面是嫉妒心,这两者是潜伏在人性里的一对"双胞胎",别人很容易看见,偏偏你自己不以为意。遇到比自己弱的,便起傲慢心,瞧不起;遇到比自己强的,则起嫉妒心,受不起。傲慢和嫉妒都是破坏你自己正念、正行、正能量的"杀手"。

人只有觉察到自己的这一弱点,并心存敬畏与谦和,才能获得内心的平静与幸福。

如何克服嫉妒心理？

问：

我发现当我产生嫉妒心理时，善良的底线就没了，为此我很瞧不起自己。如何克服嫉妒心理？

答：

嫉妒是怎么产生的呢？我认为往往是由傲慢、善于攀比催生的。一个真正谦逊的人，任他人怎样比自己强都不会嫉妒，只会去欣赏、去学习。

你跟人家对比，发觉别人比你好，结果你的傲慢心就受到伤害，然后便产生愤怒，最后形成嫉妒心理。从那时起，你就跟他人站在对立面了，你善良的本性也会受到伤害。

与嫉妒相关的还有谄谀。谄跟谀都是虚伪，也就是内心不正直。如果你不能务实地面对自己的缺点，你就会把你的缺点隐藏起来。这样粉饰太平的后果,就是心中的腐败不断地扩大,你就失去了反省、进步的机会。这两个障碍,都是恼害,一个是恼害别人,一个是恼害自己。

不过,并不是所有优秀的人都会让嫉妒者产生嫉妒,往往是那些与自己比较相近或有利益关系的人才容易让人生起嫉妒。如果距离远、不熟悉、无利益冲突的人,则会让嫉妒者产生敬佩感。

消除嫉妒的方法,是修正直之行。告诉自己没必要高估自己,要知道自己的优点在哪里,缺点在哪里,找到自己的定位就可以了。

如何去除容貌焦虑？

问：

我疑心重，有非常严重的容貌焦虑，特别在乎外界的眼光，我不知道这是什么原因，又该如何化解？

答：

我发现一个现象：不管这个人长得如何，即使长得很好看，也多少有点对自己的容貌不满意，尤其是年轻人。这大概是人们的普遍心理状况。

我曾看过一个著名的心理学实验——"伤痕实验"。实验中，科研人员向志愿者宣称，该实验旨在观察人们对身体有缺陷的陌生人所做出的反应，尤其是面对面部有伤痕的人。每位志愿者都被安排在没有镜子的小房间里，由专业化妆师在其左脸做出一道触目惊心的伤痕。

志愿者被允许用一面小镜子照照化妆后的效果，之后，镜子就被拿走了。接下来，化妆师表示需要在伤痕表面再涂一层粉末，以防止它被不小心擦掉。实际上，化妆师用纸巾偷偷抹掉了化妆的痕迹。对此事毫不知情的志愿者，被派往各大医院的候诊室，他们的任务是观察人们对自己的反应。

规定的时间到了，返回的志愿者竟然都叙述了同样的感受：人们对他们的态度比以往更嫌弃，而且总是盯着他们的脸看。可实际上，他们的脸与往常并无不同，他们之所以得出这样的结论，是因为自我认知影响了他们的判断。

这个实验提示我们：一个人的内心世界可以影响外在世界。一个人内心怎样看待自己，在外界就能感受到怎样的眼光。这样的心理实验和故事历来都有不少。

比如，我听过一个"自信的美丽"的故事：一个小女孩总觉得自己长得不够好看，因此很自卑。后来，她买了一个向往已久的发卡戴在头上，因为太高兴了，她跑出商店时，发卡被进来的人撞掉了。但她自己并不知道，一路上，她还觉得自己戴着很美丽的发卡，便昂首挺胸地走到广场上，走到人群中。她听到大家都在夸她，说这个女孩很漂亮。经过玻璃橱窗时，她才发现自己头上根本就没戴发卡。

有一次，我带着一位时常对自己容貌有焦虑感的亲戚去参加一个活动。坐在我们对面的是一位看起来非常优雅又很善良的朋友，她对我的这位亲戚频频微笑以示友好。然而，在回家的路上，我的亲戚很生气地说:"我以后不跟你去了,我长得太奇怪了,你那个朋友总是在嘲笑我。"

当我们觉得自己面目不佳时,就会认为别人也是这么认为的;当我们觉得自己有缺陷时,就会认为别人也会非常在意我们的缺陷。

别人大都是以你看待自己的方式看待你的。在这个世界上,只有你自己才能决定别人看你的眼光。

当你愿意真实地看待自己,去掉自己看待自己的有色眼光,去掉内在那些贬低自己的声音,去掉一切加诸你身上的标签,开始认同自己、相信自己时,你所看到的眼光,也会是认同你的,也会是友好的。

心　语

·所有不安，都来自妄想。
你的问题，是因为想得太多，做得太少。

·忙，是解决"过去病"的良药。

·忏是惭愧，悔是改过。
忏悔就是清零，表示重新出发了。

·生病，是对你不良生活习惯的提醒。
挫折，是一次命运的拐弯。
而有些灾难，是在保护你，让你躲过更大的劫难。

·生命的健康和喜悦，
不是因为闲散无事，而是积极奉献。

·把头脑中的"分别心"关掉，
你就会少受很多伤害。

- 经常换位思考,就不会与人对立,你会变得更加包容,胸量更大,天地更广。

- 不要把抱怨的话挂在嘴上,因为它会成为你的命运。

- 一个人内心怎样看待自己,在外界就能感受到怎样的眼光。

第四章

教育要教会如何寻找幸福

教育者的使命是尊重生命的规律,培养有幸福能力的人。

我们的初心是什么?

问:

孩子的教育越来越"卷",竞争攀比现象处处皆是。朋友提醒我们,如果我们不急,孩子会成为弱者,未来如何在竞争激烈的社会中生存呢?我们夫妻俩对孩子的要求一向比较开放和宽松,孩子也很阳光开朗。在周围环境的影响下,我们不得不加入集体洪流,因为怕孩子受委屈,但眼看孩子的笑声越来越少,我们紧张了,不知该如何拿捏?

答:

天下父母对孩子的爱,最终都是为了孩子未来能快乐和幸福。无论何时,给孩子创造一个宽松的环境,使其顺应自然快乐成长,这是父母的心愿。在我看来,为人父母眼界一定要宽阔,眼光要长远,要放到一个较长远的时空来看。我们既要关心孩子眼前的成绩，更要关心孩子一生的健康，包括生理健康和心理健康。

作为父母，要常常阶段性地反省自己的育儿初心。

什么是初心？

前些天，我听到一个故事："朋友养的鱼死了，悲伤不已。他不想给鱼土葬，说想给它火葬，然后，把鱼的骨灰撒回大海，好让它再回到母亲的怀抱。谁知道那玩意儿越烤越香，后来就买了两瓶啤酒……很多事情，我们走着走着，就忘了当初的心意……"

如果把教育孩子看作是一场和别人的竞争，那我们很容易忘记初心，我们的教育很容易变形。

我们需要关注的是孩子的教养和品格，如诚实、有礼、得体等，没有这些基石，只是重视成绩、技能、名次，孩子长大后有可能成为只知道生存而没有生命力的人，无法感受幸福和快乐。即使拥有丰富的物质，也无法过有品质的生活。

我们要引导孩子既能赞叹别人的优秀，也能看见自己的优秀；既能容纳别人的错误，也能接受自己的失败；既能享受生活中的顺畅和甜蜜，也能承受生活中的挫折和苦涩。这样的孩子长大后可以和自己、他人、世界和谐相处。

所以，作为父母，我们首先要有一颗安定的心，要坚持自己的想法，相信自己的孩子，不要被外界的声音干扰。

如何做一个好妈妈？

问：

我从小就没有让女儿吃过亏，虽然工作很忙，但从来不会在她睡前自己先睡。所有她想学的兴趣班，我都舍得花钱。我曾经是学霸，看了很多国内外关于孩子教育的书。但现在女儿抑郁了，全家人都责怪我。我一点功劳都没有，我感到真的好憋屈。

答：

很多父母都会说，我知道一切道理。大多数情况下，我们知道的只是这个概念、那个知识点，但没有消化它、激活它、使用它，让它变成为人父母的智慧。

没有智慧，别说功劳，苦劳都没有。

拿破仑说过："推动摇篮的手，也是推动世界的手。"

母亲本伟大，但成就伟大生命的只有智慧的母亲。

母爱无条件，但能无条件去爱的，只有智慧的母亲。

智慧不是智商，不是与生俱来的。智慧也不是知识，不是光靠努力学习就能拥有的。

母亲的智慧来自哪里？我认为，首先要有开放的生命状态。这在于你是一个怎样的人。你急功近利，你自私傲慢，你脾气暴躁，智慧之门就会关闭。如果看不清方向，没有智慧，你读很多书，上很多课，都只会加剧你的焦虑情绪。

母亲的智慧，与学历没有太大关系。历史上有过那么多有智慧的母亲，培养了那么多伟大的人物，组成了那么多幸福家庭。她们很多并没有多高的学历，但她们的认知、格局非同一般，有的是家族传承，有的是对经历的领悟，有的是修养，不管怎样，都是有智慧的人。

我曾经送给妈妈们三个字：虚、弱、柔。

虚。批评孩子不要太实，你实打实地指出孩子的一二三个问题，他一下子受不了。有些无伤大雅的缺点，要不动声色地虚化处理，孩子就不会那么紧绷神经。人无完人，更何况孩子。

弱。如果妈妈太强势，带出来的孩子往往不太自信，很多会懦弱无主见。示弱，是为了托起孩子的强大和自信。

柔。柔弱胜刚强，妈妈的柔和会让孩子愿意听从。人心大都不愿吃硬，孩子对柔和的东西，天生有一种顺服和同情。

以上虚、弱、柔都是态度层面的，都需建立在大的原则之上，不是宠溺，更不是放任。总之一句话："原则坚定，态度温和。"不要反过来："原则不定，态度强硬。"

　　有智慧的母亲不仅能养育好孩子、平衡好家庭和工作，更能成就最好的自己。把原先放在孩子身上的注意力，拉一部分回到自己身上；把原先总在担忧和期待未来结果的心思，拉到眼下我能做什么上来；把自己从外面、从未来拉回到当下。我称之为"宁静的艺术"，这是"母亲的艺术"，即学会静静地观察孩子，静静地聆听孩子。

如何做一个好爸爸？

问：

作为孩子的爸爸，孩子小时候我经常外出工作，陪孩子的时间很少。现在，我回到居住地了，工作稳定，不经常出差了，孩子也快上初中了，但他似乎只听妈妈的，不愿听我的话。孩子妈妈的脾气不太好，看他们母子俩相爱相杀，我有时被逼急了就会和孩子妈妈争吵，她就责备我欺侮她，没让她过好日子。我当然知道她是为了操心孩子才这样，我现在该怎样挽救？

答：

不管是何种原因，你确实有一段时间甚至可以说是很重要的一段时间缺席了孩子的养育。你不在家的时间里，孩子日新月异地长大，与你存在着一定的距离，你妻子付出了很多，那段时间生活中的很多困难你也许无法体会。

母子相爱相杀的现象，也是一种普遍现象，你不用太过担忧，甚至不必干预，他们有他们的关系生态。我觉得，你现在要做好两件事：一是对妻子好一点，包容她的一切，理解她的付出，让她开心。二是从行动上多了解孩子，赢回孩子的感情。

对第一点，可参看老舍的一段话，现在来看，也有一定的道理。

"真的，生小孩，养育小孩，男人有时候想去帮忙也归无用；不过，一个懂得点人事的人，自然该使做妻的痛快一些，自由一些；欺侮孕妇或一个年轻的母亲，据我看，才真是混蛋呢！对于我的妻，自从有了小孩之后，我更放任（她）了些；我认为这是当然的合理的。"

对第二点，看看导演李安是怎么做的。当他被问"现阶段最大的幸福是什么"时，他毫不犹豫地说："我太太能对我笑一下，我就放松一点，我就会感觉很幸福。我做了父亲，做了人家的先生，不代表着我就能很自然地得到他们的尊敬。你每天还是要赚得他们的尊敬，你要达到某一个标准。""我后来回家还得给他们煮饭，到现在都是这样，很长一段时间都是我煮饭。我出去我就担心他们没得吃，我就把冰箱塞满，我出去两个月，我就做两个月的；出去三个月，我就做三个月的东西……"

我觉得，以上这些可以称作是做丈夫、做父亲的艺术。

鼓励还是惩罚?

问：

现在大家都讲鼓励教育、快乐教育，孩子有错时，难道不应该惩罚他让他吃一堑长一智吗？

答：

我个人认为，教育不能简单粗暴地讲什么快乐教育和惩罚教育，应以鼓励为主，即便孩子做错了，也要分情况看待。

比如，有时候孩子确实是不懂道理或不知道怎么做，这时你就不应该惩罚他。你惩罚他，不但不会让他变好，很可能会变得更糟糕。如果是明知故犯、屡教不改，涉及品性德行问题，就要根据孩子的特性，适当地进行惩罚。只有契理契机的惩罚，才能让孩子心悦诚服。

再比如，父母生气时打骂孩子，就是不应该的。完全不听孩子的解释,也不进行教导,只要孩子犯了错,不问青红皂白,就粗暴地进行处罚,这种做法也是不妥当的。

惩罚只是手段,不是目的。适当地惩罚孩子,是为了让孩子有警戒心,让孩子学会管好自己。教育孩子,出发点永远是你那颗关怀的心,你要让孩子感受到你是爱护他的。

是放养，还是严管？

问：

我为孩子付出了很多，为了他，我辞职照顾他，按照书本上的科学方法养育他，但他现在并不听话。我妹妹一天到晚在外面忙，我以前常常告诉她："你宁可花时间帮人家，也不操心自己孩子，以后会后悔的。"但现在她的孩子长大了很懂事，难道孩子真的要放养？

答：

我认为，问题不在于放养不放养，而在于如何教养。你妹妹的放养，未必是真的放，你的教育方法未必真正有效。

你是消极地放弃管教，还是积极地放下心中的管控欲，这两者表面看都是放手，其实是天差地别。

很多父母为孩子担心、紧张，养育路上战战兢兢、束手束脚，生怕错过什么。这种过于担心的心态，其实是一种束缚，父母累，孩子也累，最后吃力不讨好。

诚然，做父母的最好要懂得孩子的养育之道，在孩子小的时候也要多陪伴他们。但毕竟每个人的情况不同，有时生活和工作不能兼顾，因此只能服从大局，抓大放小。

孩子是一个独立的个体，有他自己的路要走，你担心也没有用，最好的教育是静待花开。与其担心，不如把自己的本分做好，分些精力在其他事情上，有余力多行好事。你把自己做好了，好的品行、德行、为人处世等都会影响孩子。你看你妹妹一直乐于帮助人，其实是助人者自助，她的那份善行作用到了孩子身上。你妹妹的言行，就是孩子最好的教材，孩子长大了自然会成为她那样的人。

怎样看待"三岁看大,七岁看老"?

问:

老人常说"三岁看大,七岁看老",我们应该怎样重视这一阶段的教育?

答:

老人常说的"三岁看大,七岁看老",其实是指这一年龄段孩子教育的重要性,说的是这一阶段是养育孩子的黄金时期。这一时期,受教育者是开放的,有充分的空间,弹性很大,教育者给予什么,他就容易生成什么,也就是先入为主。它们足以成为孩子一生的基础,有人称之为"筑基工程"。

筑基工程的重点是什么?

我的观点是:健全的人格和体魄,良好的品德和习惯。

根据年龄细分,我们当地有这样一些说法:三岁筑皮,五岁筑骨，四岁半墙，五六岁小大人。下面我和大家分享几个个人看法：

一、孩子幼时理解力弱，表达能力有限，因此事情要一件一件地教，教会一样再教另一样，最好不要同时展开。在教的过程中，要耐心、耐心再耐心，重复、重复再重复，孩子就是在不断地重复中学会知识和懂得道理的。

二、随着一天天长大，孩子的身体越来越活跃、灵巧，他们大都活泼好动。这时，要在确保他们安全的前提下，给予他们足够的自由和空间去活动。

三、孩子的语言能力开始飞速发展，有强烈的表达欲，父母需要多提供沟通表达的机会和氛围。如讲故事、亲子共读等，都需要重视起来。

四、孩子的求知欲很强，经常会问很多"为什么"，这也是孩子学习能力和习惯养成的最佳时期，父母千万不要拒绝和草率应付，要带着孩子一起去学习和探索这个世界。

五、孩子的是非观开始建立，父母要审视自己的观念，是否适当，不要以为孩子不懂，想当然地表达自己偏激的想法和评价。家长要用孩子听得懂的语言，做好客观引导。

六、我们观察一个热爱家务和生活的人，他的好习惯建立的基础大多是在幼儿时期养成的。孩子到了五六岁，像一个小大人了，特别喜欢参与大人的事，但这时，他的参与大多是以游戏的态度去做的。恰恰因为这种态度，父母才可以轻松地因势利导，辅导他去动手做（重要的是，要让孩子喜欢做，而非为了让孩子难以体会的责任感而去做）。当然，他有可能会把场面搞得乱七八糟，你得花更多时间去整理，但这是值得的。不要图自己的一时方便，或不想浪费孩子学习知识的时间，而错过了培养孩子热情和兴趣的最佳时期，等孩子长大了，就不要责怪他自私懒惰。

七、父母在选择教孩子什么时要有计划性，不要想到什么或者看到别人在教什么，就去教什么，最后往往是难以坚持，甚至一事无成。

八、父母要给予孩子丰沛的爱、注意力与关怀，尝试不要总是说"不"。孩子可能会持续跟你要这个、要那个，总是跑来跑去动个不停。如果父母一直对他说："别做这个，别做那个，这个不是给你的。"这样持续地说"不"，孩子通常会有挫败感。这个阶段的鼓励和正向引导，会激发孩子的天赋。

九、这个阶段的孩子正好奇地探索世界，父母要尽可能陪在他们身边。有一种观点认为，孩子六岁之前所体验的品质，决定了他们日后的观点如何发展。如果想要孩子未来成为快乐的人，父母就尽可能给他们欢乐；如果想要他们成为有感知能力的人，父母就尽可能地给他们爱；如果希望他们变成懂得感恩的人，父母就多多赞美他们。总之，做所有你们能做的正向的、积极的事。

家风到底是什么？

问：

你在文章里说，好家庭最大的标志就是有好的家风。家风到底是什么？

答：

家风，也称门风，指的是家庭或家族世代相传的风尚、生活作风，是家庭（族）最为稳定的道德风貌和习惯传承。一般包括三方面：立德、立言、立行。

我认为，作为父母，我们要存一颗善良的心，因为孩子越小越能感受到父母的心；我们要常说一些正向的、积极的、温暖的话，因为孩子的成长需要良言的滋养和鼓励；我们要常做一些好事，因为孩子的行为习惯大多来自效仿成人。

对孩子的教育，本质上是以我们的自我教育为主，然后带领着我们的孩子投入生活的海洋中去。当然，真正有智慧的父母，可以做到这两者并行。

我把《钱氏家训》之《个人篇》分享给大家，这是钱镠留给子孙的精神遗产，也是值得我们大家学习的家风家训。

> 心术不可得罪于天地，言行皆当无愧于圣贤。
> 曾子之三省勿忘，程子之四箴宜佩。
> 持躬不可不谨严，临财不可不廉介。
> 处事不可不决断，存心不可不宽厚。
> 尽前行者地步窄，向后看者眼界宽。
> 花繁柳密处拨得开，方见手段；
> 风狂雨骤时立得定，才是脚跟。
> 能改过则天地不怒，能安分则鬼神无权。
> 读经传则根柢深，看史鉴则议论伟。
> 能文章则称述多，蓄道德则福报厚。

如何教育青春期的孩子？

问：

家有青春期的孩子，我家每个人都过得小心翼翼，有时候大气都不敢出，生怕动了孩子的哪根神经。你有什么好的建议吗？

答：

对待青春期的孩子，我建议：

一、成为孩子的朋友，带着尊重来爱他。

二、要引导和帮助孩子去思考和做决定。

父母要把青春期的孩子当作朋友，在生命的任何一个阶段，孩子和父母都是平等的，父母要带着尊重来爱他，因为受到尊重的孩子，长大后会成为自信、自尊、阳光的人。父母和青春期孩子的对话方式要有所改变，沟通时最好不用指令，多用建议和提问。

如果父母懂得沟通的技巧，能协助孩子积极思考、做决定，对孩子会有一定的帮助。青春期的孩子可能会养成拒绝你的习惯，去做那些你不让他做的事。比如说，如果你要他早点回家，他可能很晚才回家；如果你说不要跟某人玩，他会跟你唱反调；如果你建议某个课程可能对他有益，他偏偏拒绝上这个课。

通常来说，孩子都会度过这个"说不"的时期，这在孩子人格的演化过程中是非常自然的阶段，因为他需要确立自己的个体性。在这个阶段，孩子大都会试着找出"我是谁？我是什么？"他无法再把自己仅仅想成是某某人的女儿、某某人的儿子，而是想试着将自己和父母分开，去寻求并证明自己是谁。

因此，大多数孩子在青春期会不断拒绝你，即便你提供的建议可能更合理。你无须担心或惊慌，因为孩子大都会自然地度过这个阶段的。

父母面对青春期的孩子，最好不要天天讲道理，不要总是长篇大论，不要重复。建议父母直接明了地给予提醒，语言越简单越好。如果孩子自己发泄情绪，父母不要马上回应，更不能自己也起情绪，只需静静地倾听，听完后如果不知说什么，也别乱劝，去拍拍他的肩，安抚一下。

很多时候，孩子并非需要你做什么，只是需要有个倾诉对象而已。

怎样引导早恋的孩子？

问：

我家孩子早恋了，看她很开心，成绩也没受太大影响。但是，我和她爸爸急得不得了，却又感觉比较尴尬，不知该如何与她明说，更不知如何引导她。

答：

我跟你讲讲我的故事。上初中时，我喜欢上了一个男同学，他也很喜欢我。我想方设法隐瞒，但爸爸还是知道了。

一个周末的清晨，我醒来后，发现爸爸正坐在我床头。我感到很意外，这是从未有过的，我连忙坐起来。他吞吞吐吐地说他坐了一个小时了，自己没有水平，不知道应该怎么跟我讲，所以一直在等我醒来。

他搓着笨拙的双手，不敢正视我，仿佛是他做错了事。接着，没有任何铺垫和解释,他开门见山地说道:"你能清楚地说出你喜欢他哪些方面吗?我是眼看着你现在都瘦了,没有以前好看了。还有,你有没有想过你们的结果呢?你那么慈心肠的一个姑娘家,我只是担心你会被别人伤害,怕你到时会很难过。我们就会很心疼,你要把眼睛长长好再决定!"

爸爸说完,没等我回答就走了。他没骂我,也没说坚决阻止我的话,甚至他的语气也是轻轻的,我却全部听进去了。

多年后,事实证明我的选择是对的。从那之后到结婚,我谈过几次恋爱,爸爸再也没干涉和过问过,这当然也与他不在身边不知情有关系,但每当面临抉择时,爸爸的那几个问题就会郑重地冒出来。我最终选择现在的先生作为人生的伴侣,也是因为当我在自问自答这些问题时,得到了一个相对比较圆满的答案。随着年龄的增长,我把这些问题又延伸了一下,这些年接受咨询的人中,每当有父母为孩子的早恋或者那些成人们为情所困时,我都会把这些问题抛出来(其实像"要不要进行""要什么结果""下一步如何做"这些问题也适用于其他事情的选择上)。

一、我爱他什么?

如果是爱他的外表、成绩、钱财名利、甜言蜜语,那么这些往往是不可靠的,如果你只是喜欢他这些的话,以后也许会有比他更好的人出现,不妨再等些时间。也有种可能,需要你认真思考,你喜欢他这些是不是因为自己没有拥有这些的缘故?你应努力先提高自己,当你某一天和他一样拥有这些东西时,那时你并不见得会喜欢他。

如果爱他的品质，比如勤奋、阳光、善良、正直、有担当等，那么可以向他靠拢，去学习他的品质。只有当你和他的品质相匹配时，你们的爱情才能走得更远。

二、恋爱后的我是变得更好了，还是更不好了？

两个相爱的人在一起，一是可以互相成长，二是可以相互成全。如果这些都没有，你总是受苦，觉得很疲惫，烦恼总是多于喜悦，自己原本拥有的一些优秀品质持续下降了，那么，很明显你们并不适合在一起。既然爱就要爱得明明白白，不要稀里糊涂。爱一个优秀的人，自己也会变得更优秀，没人愿意自己变得糟糕。

三、我想要什么结果？

也许你当时只是为爱而爱，又控制不住自己。希望你冷静地独自想一想，你到底想要什么结果？未来会和他结婚吗？结婚的本质是承担责任，乐于付出和分享，接受对方的所有，无论是优点还是缺点，你能做到吗？你能承担什么？如果不能，你该怎么做？

四、下一步如何做？

建议此条用笔写一下，分左右两栏写，左边写："如果还继续早恋，会有什么好处？又会有什么害处？"右边写："如果不继续早恋了，会有什么好处？又会有什么害处？"

对情感，我们往往容易受情绪左右，这样写一下，让自己的大脑左右一对照，一目了然，易于权衡并做出正确的选择。

诚然，感情本身并不那么理性，爱了，也是没有理由的。但在某些年龄段（比如中学时期），我们需要借助理性分析，这也是为了让这份爱更美好，让一颗心更安顿。我们在帮助和指引孩子时，一定要避免个人武断，沟通时要换位思考。比如我的爸爸，他并没有站在他的角度批判我、控制我，而是让我感受到他在为我考虑，这才是真正的帮助，所以才激发我去思考并做出行动，哪怕会经受一时的感情波折。但正是因为这样的经历，让我在后来的感情处理中，变得更为主动和积极，最终找到了幸福。

如何改变孩子的不良行为？

问：

孩子比较懒散，做事不主动积极，我该怎么办？

答：

我个人认为，对一个孩子来说，当他感受到被爱着、被尊重着、被允许着，甚至包括允许他可以不改变时，他才有可能改变。我们需要给孩子三个权利：选择权、尝试权、犯错权。若不经历这些，孩子很难真正独立，也很难认识到自己的错误而去主动改变。

自我决定理论认为，人有三大基本心理需求：自主、胜任、关系，一旦得到满足就会产生积极主动的内驱力。具体到小孩子，我们可以把次序反过来，孩子需要有一种被充分爱着并且因一定关系的联结而拥有安全的感觉（你和孩子在同一个世界），被发现、被信任和被支持的感觉（任务的合理性，不要太过简单，也不要太过困难，适合孩子的最好），有自主感和被尊重感（有主动选择权）。

怎样实行挫折教育?

问:

孩子有点玻璃心,他比较敏感、脆弱、不自信,怎样对他实行挫折教育?

答:

有的孩子生来敏感一些,有的孩子钝感一些,这没有好坏对错之分,只要善加利用,这些都可以成为优点。反之,也可能成为缺点。

我认为,对敏感的孩子,我们要理解他,接受他的个性。我们要正常看待这种个性,不要过分强调它的负面因素,把它当回事,更不要火上浇油。做父母的遇到这种生来就敏感的孩子,要多忍耐一些。另一种情况可能是因为孩子平时被关注少,总是遭遇挫折,孩子毕竟承受力要弱一些,也不懂得多角度思考问题,因此容易变得敏感、脆弱、不自信。遇到这种情况,家长要多鼓励,创造机会让孩子"成功"几次,他会慢慢变得自信起来。

至于挫折教育,我们不用刻意去进行。生活中,孩子自然会遇到一些挫折,我们就趁着这些挫折发生的机会,去引导孩子,只有他自己经历过,反思才会深刻,也才会快速成长起来。但对年龄相对较小的孩子,家长仍要以鼓励为主。

如何让孩子学会自我管理？

问:

小孩子不会收拾整理、依赖性强，时间观念和生活自理能力都很差，经常磨蹭、拖拉，如何让孩子学会自我管理？

答:

在我看来，小孩子的行为习惯，需要家长手把手教出来。家长要反思，你们是否真的在孩子小时候耐心地一遍遍反复地教过他，直到他学会为止？很多时候，孩子是确实不会做，或者是一开始学会了，然后家长没有陪同他重复练习，他又忘了。

"坚持"这个习惯，父母往往很难做到。父母能坚持，讲方法，孩子也可以坚持。

通常来说，孩子在小学低年级之前，是没有多少时间观念的，确实需要大人提醒。生活中，留意观察小学一年级的很多孩子，你会发现让他们学习看时间大多是一件难事。但到了小学二年级，他们不用再教就已经掌握了。我们不能严苛地要求年龄小的孩子建立起明确的时间观念，尤其当孩子一旦投入自己喜欢的事情中时。在孩子眼中，时间是根本不存在的。有时候，家长不得不用时间约束时，要尽量具体化，比如用沙漏等看得见的计时器当辅助。

至于磨蹭和拖拉的问题，我们要先反观自己的行为，我们是不是也是这样的？

孩子面对不愿意做的事，或者与他的年龄、能力不匹配的事（就是自我决定理论中的"胜任"问题）时，就会赖在那里不愿动。

也有这样的情况，有的父母过于严苛，总是过高地要求孩子，总是给孩子的学习"加餐"，孩子就会选择拖延，以此抗拒"加餐"。

自我管理也是一个好习惯的养成过程，需要一天一天地坚持练习，养成习惯，直至成为自然而然的事。当我们想让孩子能够自我管理时，我们首先要管理好自己，否则是没有资格要求孩子的。

怎样让孩子学会交往？

问：

孩子不会主动交往，尤其是面对异性小朋友时，会有攻击或胆小行为。怎么办？

答：

小孩子在外面的人际关系，取决于什么？我个人认为，要参考我们家庭关系这个母本，而且在家庭关系中，夫妻关系是第一位的。所以，要先检查我们自己的家庭关系。

有些孩子的表达能力偏弱，便会用一些动作替代，但这个动作又不能准确地表达出他的真实需求，因此就很容易被误解。比如，他本想邀请小伙伴一起玩，结果用手不知轻重地去拍了一下小伙伴，小伙伴却以为是打他了。日常生活中，这种情况还是不少的，这时候，家长要具体地教孩子如何有效地表达自己的需求。

在平常，家长可以多创造一些有利于孩子主动交往的条件，比如经常邀孩子的同学、朋友一起聚聚，让孩子克服胆小的性格。

当然，在孩子交往这件事上，家长也不要固执己见，认为会交往的孩子就是好孩子，不懂得交往就是不好的孩子。有些孩子天生就喜欢一个人待着，不那么爱热闹，不爱交往，他也没烦恼，不觉得孤单，反而很享受自己独处的时光，这也是正常的。所以，重点是家长要观察孩子的精神状况如何，再来决定是否需要协助或如何协助他。

如何让孩子听话？

问：

孩子不愿听家长的话，常常执拗和对抗，脾气也不好，容易闹情绪。如何让孩子变得乖巧听话？

答：

我认为，这要根据实际情况分析，家长说了什么话？说这些话的目的是什么？说话时家长的语气、表情怎样？说的话有没有价值？

小孩子对父母的爱，是无条件的，他其实非常愿意听父母的话，也非常信任父母，即使刚刚被骂得掉眼泪，转眼又亲昵地依偎过来。

有时候，我们大人经常失去判断力，带着条件讲着刻薄的话。孩子的对抗其实是在呼喊："爸爸妈妈，不要这样对我说话。"

面对孩子的情绪，首先，我们要反求诸己。我们的脾气如何？家里的氛围如何？面对问题时，我们的第一反应是什么？大多时候，很多孩子只是在模仿成人。

其次，孩子有可能是不会表达心中所需。也许是孩子在外面遭受了委屈，遇到不顺心的事又说不出来，就只能发脾气。如果我们不懂他，又不知道来龙去脉，加上回应的方式不对，比如责备他、抑制他、不理睬他，都会让他的脾气变本加厉，久而久之形成条件反射。当然，也有可能是孩子的个性偏于急躁。我们要在接受孩子这一脾气的基础上，去慢慢调整他、引导他，可以在他情绪平稳的时候，与他讲讲相关的故事，让孩子代入角色，慢慢去改变。

在养育孩子的路上，我们要有足够的觉察力和耐心，去发现孩子任何一个现象背后的原因。本质的、重要的东西，要用心才能听见、看见。

心　语

・作为父母，
要常常阶段性地反省自己的育儿初心，
不要把教育孩子看作是一场和别人的竞争。

・妈妈的艺术，是宁静的艺术。

・做爸爸的，要让孩子妈妈开心，
并且从行动上赚得孩子的感情。

・不管是鼓励还是惩罚，
你要让孩子感受到你是爱护他的。

・问题不在于放养不放养，而在于如何教养。

・我们需要给孩子三个权利：
选择权、尝试权、犯错权。
若不经历这些，孩子很难真正独立。

・不用刻意进行挫折教育，
当挫折自然到来时，请抓住机会。

・"坚持"这个习惯，不是孩子不能，
往往是因为父母做不到，所以孩子放弃了。

・家庭关系中，切记是夫妻关系第一，
而非亲子关系。

・本质的、重要的东西，
要用心才能听见、看见。

第五章

爱是深深的理解、包容和尊重

爱在相互成全和成就中生发出无穷的力量。
我因为你,变得更好;你因为我,变得更好。
会爱的人,必定幸福。

你是怎样看待婚姻的？

问：

我喜欢读人物传记，了解到一些名人的故事，纵使他们有才、有财、有名望，他们的爱情和婚姻却不牢固，何况我们普通人呢？所以，我对婚姻一直不抱太大幻想，曾经有过几次离婚的念头，但最终还是忍下来了。我觉得，能做好自己的本分，负好自己的责任，有一个生活搭档，即使没有爱情，平平淡淡的生活也是可以接受的。我不知道我这样的想法是不是过于消极，想听听你的建议。

答：

我觉得你已经非常了不起了，你这不是消极，恰恰是积极且淡定。

爱是什么？我个人理解：爱是面对生活和人性的种种考验，

依然是深深的理解、包容和尊重。在婚姻中，爱更是责任和担当。

我把爱也称作"无常"，它不是固定不变的，热恋的激情会变成平淡的亲情。要想投入爱，就要接受它无常的变化。我们大多数人的婚姻中，无常的变故和危机总会有那么一回或几回，想明白了这一点，从一开始就不要将这份爱设定为绝对的永恒，也不要把快乐和幸福建立在一个人身上，爱是两个人的事，你只管做好自己，把握好快乐的主因——自己的心即可。

不要生出任何改变爱人的念头，也不要想当然地事事去要求他，否则你会失望的。你要把重心放在提升自己上面，不断丰富自己的内心。祝你在平淡的婚姻中看到惊喜，让自己再多一点快乐。

真正的爱情存在吗?

问:

看多了身边的分分合合,我已不相信有真正的爱情,也不敢恋爱,身边的人都说我三观不正,让我去看心理医生。这几天,我读完了你的长篇小说《油茶树下的约定》,看到雨晴的爱,竟然有点动摇了。我想请你谈谈爱情的真相。

答:

我的长篇小说《油茶树下的约定》出版以来,经常会有不同年龄段的人和我交流爱情这个话题。有的人是因为失恋,有的人是因为婚外恋,有的人是因为遇不到或求不得,也有像你这样不相信爱情的人。

我想从正反两方面和你聊聊这个话题。

我对一位女性咨询者印象很深刻,她认为自己缺爱而渴望被爱，结果两次遇到"不良"之人。她在悲伤中观望着身边的人，曾经如胶似漆的好朋友夫妻俩也分道扬镳了，于是她陷入了极度的自卑和自我怀疑中。

她问："真正的爱情存在吗？"

我想，真正的爱情是存在的，但确实也是稀贵的，因为悟者稀贵。

在爱情的最初阶段，随着恋情的开始，恋爱中的人能直接快捷地体验到幸福和圆满，有的人能从孤独、恐惧、匮乏和不满足的状态中迅速得到解脱。一些女性甚至会在对方的甜言蜜语中迷失自己，深信自己从丑小鸭蜕变成白天鹅，从俗女升级为仙女。

在生理和心理双重因素的催化下，陷入爱情的双方会有一种深深的满足。对方的每个夸赞都是绝对正确，满眼看到的都是对方的优点。即使独处时，两人只要想到另外一个人想着你、需要你，让你变得重要和特别，就充满幸福和满足感，你享受这种感觉，变得离不开对方。

拥有时高度兴奋，离开了就会难过。如果对方离开或者背叛了你，你就会生发另一种强烈的感情——敌意、嫉妒、痛苦、绝望。很多恋情发展到一定阶段时，大都会经历这种反复，在两极之间循环往复。

有些人明明知道已经不合适了，却不想或不敢失恋。当初以为的真情，最后成为依赖和纠缠。

每一种沉溺，大都源于自己在无意识地抗拒痛苦、孤独、不愉快，所以要么沉醉，要么敌视；要么恋，要么厌。

如果你能够静静地觉察，有了洞见和抽离，就会发现：你的痛苦原来是源于自己对失去的恐惧，对匮乏和不满足的抓取，你总把问题归因于对方，而不是自己。

事实上，没有谁和谁的行为要为你的痛苦负责，判断你在一段关系中是否获得成长的标志是：你是否认识到你该为自己负责，而不是别人要为此负责，任何过去的不如意都不能阻挡自己现在的力量。

真正的爱情，不会有明显的对立。两个人也许会有不同的观点和习惯，也许会经历很多波折，但两人不会纠缠，不会决绝，不会从所谓的"爱"的高点，走向"恨"的低点。

真爱一个人，随着长期的相处和磨合，你会看见和接受一个不完美的生命，如同自己一样。你不会批判和以任何方式想去改变对方，除了改变自己——从他这面镜子里照出来的那些曾经未知的自己（当然，你也可以不改变）。这便是依赖、沉溺、纠缠不清的终结。

所以，真正的爱是在你自己里面，不在外面的这个人，是一个人的爱与另一个人的爱的共享和促进，不是一个人依赖另一个人来达成爱的完美。爱的关系并非让你来获得永久不变的幸福，而是让你变得更加自觉——自我觉醒。

当你变得自觉，即使对方不自觉，你也不再介意，不会俯视，不会批判，更不会嘲笑，你也许会真诚地表达你的感受和建议，但一定是不带成见和责备的。这样，要么因为无法在一起生活而心平气和地分开，要么会让关系更加稳定和深入。

学会在不责备对方的情况下表达自己的感受，学会用一种开放和非防御性的方式聆听对方，学会给自己和对方一些空间和时间，这样可以让爱情之花自在而舒展地开放在平凡的生活里。

真正的爱情如此稀贵，尽情地去追求，勇敢地去爱吧！但千万不要只求甜蜜、抗拒痛苦，不要丢了自我而只想依恋对方。真正的爱情是：即使对方没能满足你的某些需求，你也只是感到有些遗憾、不尽完美，但你知道这是爱情的一部分，也是人生的一部分，你会平静地接受。它们困扰不了你，挑拨不了你，你不会因此去责怨对方、去制造痛苦。因为——你还有你自己！

如何选择合适的伴侣?

问:

我已到适婚年龄,家里长辈早已催促我尽快结婚。目前我的各方面条件还不错,追求我的男士也不少,我具有一定的主动选择权。我应该选择什么样的人生伴侣,才会更幸福?

答:

我个人认为,两个人相结合成为夫妻,大致会有三种情况。

第一种,夫妻二人同心。两个人的性格、习惯、爱好等相近,他们的想法能轻易达成一致,相处比较和谐,这便是我们常说的圆满状态。这样的爱情和婚姻,是比较难得的,也是我们大家都很期待的幸福婚姻。

第二种,夫妻两人有所不同,但总会有些交集,能相互包容、谦让。也就是说,两个人的想法虽不太一样,有点分歧,难免磕磕绊绊，但因为相爱，两人可以商量、协调，不至于产生太大的矛盾。两人因为心中对彼此的爱恋，会容忍对方，慢慢增进理解和包容，婚姻也会逐渐稳定。

第三种，夫妻二人总是对立，互不相让。两人都是你想你的，我想我的，都站在自己的角度去要求对方，总是指责对方，这样自私的人，他们的婚姻很难幸福。如果在恋爱交往阶段就经常这样，两人还是尽早分开，及时止损为好。

当然，第一种实在稀缺难求，这就是人们常说的灵魂伴侣。人总是有缺点的，找一个差不多的就好了，大多数人应属于第二种。虽然你有你的想法，我有我的坚持，但到底是你心中有我、我心中也有你，我们互相让一让，互相忍一忍，真诚相守相伴一辈子，那也是难得的幸福。

如果在选择伴侣时只能有一个条件，我的建议是：只有思想和灵魂的相互欣赏和抵达，方可历久弥新。要选择愿意终身成长并且也支持你成长的人作为伴侣。不是居高临下的施舍，也不是委曲求全的迎合，而是能够相信你、尊重你、激发你和唤醒你的优势或潜能。爱情，有执子之手，有相濡以沫，有相依为命，有不离不弃，有相互守望；这种种，都不如两个人拥有一致的信念，同行共长。

怎样才算孝顺?

问:

我爱我的父母,也感觉自己已经很孝顺他们了,但是他们并不觉得,总说我不懂他们,所以经常相处得不愉快。怎样才算孝顺?

答:

我们所说的爱父母、爱子女,大多时候是错位的。明明付出了爱,对方却收不到,这可能与大家不同年龄段处于不同的层次和观念有关。因此,你的爱要想被他们接受,就要先走进他们的世界,去了解他们,弄明白他们的需求。同时,你也要清楚自己的个性,在言行上注意分寸,学会尊重父母。

我个人认为,孝顺父母大体上有四层境界。

第一层是孝父母之身。让父母吃好、穿好、住好,这便是孝父母之身。

第二层是孝父母之心。我们做子女的，为人处事稳妥，身体健康，工作、生活都顺利，就能让父母放心。让父母不再为我们操心，就是孝父母之心。

《孝经》第一章开篇："身体发肤，受之父母，不敢毁伤，孝之始也。"孝，首先就是爱护自己——爱护身心，保持身体健康，心情积极愉悦，不让父母操心、担忧。当然，如果你有能力服务于世，能在社会上发挥重大价值，活出此生的光彩和使命，那便是父母最大的安心。

第三层是孝父母之志。志就是心愿。我们的父母为了帮助我们完成心愿，几乎倾其所有，早把自己的心愿深深地埋藏了起来。如今，我们长大了，已经有一定的能力去回馈他们，他们有什么合理的心愿，我们应尽量满足。

第四层是孝父母之慧。慧是智慧，这就需要我们引导父母，让他们和我们一起进步，与时俱进，转变观念，一起拓展提升人生观、价值观、世界观。一家人处于同一层次后，还有什么不能理解和接受的呢？

孔子在面对不同性格的弟子时，对"孝"的回答和建议也是不同的。

孟懿子是春秋时鲁国大夫，他向孔子请教什么是孝，孔子回答他是"无违"，隐含的意思是：你身居高位，想要尽孝，那就首先不要违背礼制。

孟武伯是孟懿子的儿子,他向孔子请教什么是孝道。孔子提醒他:"父母唯其疾之忧。"意思是:父母最担心的就是子女生病。除生病不能避免外,不要再让父母担忧你的其他事情。

子游和子夏,都是孔子的弟子。子游在侍奉父母上做得还不错,只是偶尔会有点敷衍,缺少点诚心诚意。因此,子游问什么是孝道时,孔子跟子游重点讲的是"敬",意思是:对父母要打心眼里尊敬。

子夏平素里自由散漫,估计跟父母相处时不拘小节,他问孝道时,孔子提醒他"色难",意思是:侍奉父母最不容易的就是保持和颜悦色。

大多数父母会把子女放在第一位,不怕被子女麻烦,却不想给子女添麻烦。他们有心帮子女,却又无力帮忙。他们看着子女忙忙碌碌,自己身体不舒服时也会故作轻松。他们看着子女劳累,自己很担心,却不知如何开口。父母的爱,是世界上最笨拙的给予,他们或许不善言辞,却深如大海……

其实,父母才是我们人间最大的福气。我认为,所谓孝顺,就是当我们孝了,我们就顺了。

是改变他,还是忍受他?

问:

我的另一半有很多错误的思想和行为,我也改变不了他,我还要忍下去吗?

答:

我个人认为,只有当一个人自己想要改变时,改变才能发生。在任何关系中,不要试图去改变对方,也不要去要求对方,否则你会痛苦。你要把心力放在自己身上,改变是要先自己做出改变,然后用自己的改变去影响他人。

瑞士心理学家荣格说过:"你连想改变别人的念头都不要有。作为老师,要学习像太阳一样,只是发出光和热。每个人接收阳光的反应有所不同,有人觉得刺眼,有人觉得温暖,有人甚至躲开阳光。种子破土发芽前没有任何的迹象,那是因为没到那个时间点。永远相信,每个人都是自己的拯救者。"

对待伴侣也一样。你和伴侣处在同一空间,你也可以学习太阳,至于你的伴侣如何反应,你是无法强求的。努力提升自己,变成最好的自己,以此来影响伴侣。你继续容忍,或者离开,都是可以的。

如何忘记一个人？

问：

我们俩两年前就发誓要一生一世，到谈婚论嫁时，我却被他的一句"我太累了"被动地分了手。尽管我非常生气、怨恨，觉得他自私绝情，但我的内心已离不开他，每晚都在想着过去。我感觉没有他很痛苦，简直要活不下去，有好几次我都想去找他，但知道那只会让自己丢人。这样的日子太难熬了，我要如何忘记一个人，不再受感情的苦？

答：

"世间万般皆苦，唯情执最苦。"很多人心中只是欲，欲带来执，执是缠缚，这是烦恼和痛苦的因。你对他来说，你越爱，他越累。

有句话说得好："人在世间，爱欲之中，独生独死，独去独来。"这是一句既现实又深刻的话。

我们大家莫不如此,能同生同死、同去同来的,世上稀少。其实,没有谁真正离不开谁,离不开的只是自己的妄想和执着。妄想是什么,它如同海面上的一个小水泡而已,瞬间就会破灭。

不妨问问,你爱的到底是什么?是自己的感受,还是这个人?爱可生爱,也可生恨;爱可生乐,也可生忧。

其实,我们放不下一个人,根本原因是心中的执念。由执念带来痛苦,就是自己心里作怪,是自己在制造着痛苦。

当你对一样东西、一件事、一个人非常执着时,身心就会时刻被他们牵制,他们的任何动静和变化,都会拨动你的神经和情绪,决定着你的喜怒哀乐。一旦有一天你放下了,不再执着时,他们依旧是他们,但他们不会再支配你的心境。

比如,一位咨询者讲述说,她曾经非常在意一个人,对方的一举一动、一言一语、一颦一笑都会影响她,她感觉投入了自己的全部,但不久后还是被背叛了。为此,她痛苦了很久。终于,事情过去了,她还是过不去,还沉陷在昔日一个一个的影像里。待到几年后,她终于走出来时,突然发现当年的自己很幼稚,对方根本不值得自己那么执念地去追求和拥有,她便解脱了。之后,无论听闻对方发生了什么事情,她都不会再牵肠挂肚,也能坦然面对了。

她的总结是:因执着所产生的快乐,是暂时的,甚至需要付出很大的代价,亦可能潜伏着痛苦。一旦产生痛苦,它的分量一定会超过当初带来的快乐。

　　所以，如果你还放不下，那就继续熬、继续忍，直到熬过去、忍过去。相信总有一天，你一定会放下，一定会一身轻松。

怎样才算是真正的原谅?

问:

我以为原谅了一个人,一切就都过去了,但我还是意难平。怎样才算是真正的原谅呢?

答:

不知道你是怎样原谅一个人的。我认为,嘴上说一声"算了,放过你了,原谅你了",并不是真正的原谅。真正的原谅是"原谅你,实际是放过我自己"。我原谅你,不是只有原谅你,同时也放过我自己。不原谅对方就是不能放过自己。

你如果格局再大一点,眼界再宽一些,心中便没有所谓原谅跟不原谅的事情,本来就是暂时的因缘而已,因机缘相遇相识,缘分尽了便相忘于江湖。

原谅,没有任何理由。因为那个人或那件事,无非是你心中的影子，只有放下你心中的影子，你的心才不会受到伤害。记得：对方做得再不对，就算你有十足的理由去生气，也千万不要放在心上，因为那对你没有任何好处。

  有谁会为了别人的过错而去伤害自己呢？这么一想，你就轻轻松松地把对方放下来了。

爱上不该爱的人怎么办？

问：

我爱上了一个不该爱的人，对方已有家室，尽管他给我各种安慰、许诺，让我一定等他。但我感觉到他很为难，他是不可能离开家庭的，也无法为我承担责任。现在我年龄不小了，也想结婚，过上正常的家庭生活。我该怎么办？

答：

其实，你知道该怎么办，无非是舍不得这份情。

我个人的看法，感情是冲动的，生活是现实的。他有他的家庭责任要承担，你有你的家庭愿望要实现，不管如何舍不得，你都应该尽早离开他。真正的爱是相互成全，把别人还给别人，把自己交给自己。为了双方好，尽早断离，否则后患无穷，不得安宁。

我有一位朋友跟我讲了一个观点。她说："任何不承担责任的爱，都是耍流氓，都不值得爱。"我非常认同。

因此，我的建议是，你知道自己爱上了不该爱的人，那就尽早果断放手吧！愿你早日找到属于自己的幸福。

离婚有哪些隐患？

问：

我是一名教师，这些年来，我发现很多问题孩子大都来自单亲家庭。这是一个社会隐患，希望能得到重视。有些父母跟我说，他们夫妻关系很糟糕，不离婚才是伤害孩子。你怎么看待离婚这件事？是支持，还是反对？

答：

我一般不支持离婚，但遇到特殊情况也不反对。总体上来说，我在这方面相对传统一点。我倡导和主张婚姻的和谐及家庭责任，两个人既然能成为夫妻，那都是一定的缘分造成的。夫妻双方要相互尊重、彼此包容，各守各的本分，各尽各的责任。尤其是有了孩子之后，家庭就是一所学校，父母少一个，教育就不完整了。

我不支持离婚的原因主要有两个：

一、离婚必将导致夫妻及双方父母，尤其是孩子，受到一定的伤害。重新组建家庭也未必一定能够幸福美满，由于夫妻双方或一方曾经受过伤害，往往可能会抱着"吃一堑长一智"的心态，自我保护意识比较强，不容易轻易信任对方，也很少会考虑对方的感受，如此仓促重组家庭，必然会降低再婚的幸福指数。

二、违背誓言。结婚时，双方邀请亲戚朋友作证，并发誓要永结同心白头偕老，离婚即是违背了当初的誓言。即使重新组织家庭，也不一定会好好珍惜。如果不是情况特殊万不得已，轻易违背誓言离婚，会影响下一代对婚姻的态度，这样的家风实在不好。

当然，我也不反对特殊情况下的离婚，比如涉及人身安全问题，或者严重影响子女的身心健康。还有一种，就是夫妻双方经过慎重考虑，冷静分析利弊，孩子也长大了能理解父母并尊重他们的决定，这样夫妻才能做到和平愉快地分手。

万事万物皆是因缘和合，缘聚则生，缘散则灭，婚姻也不例外。如果姻缘真的尽了，那也随缘，但这并不代表我支持离婚。在离婚这件大事上，双方要深思熟虑，如果真的要离，也一定要充分考虑对方以及父母、子女等的感受和利益，尽量不要让自己的决定伤害到更多的人。要做到好聚好散，千万不要因为离婚而让双方结下仇怨。

如何劝导不愿成家的子女？

问：

女儿一直瞧不起她爸爸，可能跟我一直嫌弃他有关。后来，女儿上初中，我就带着她单独出去住了。现在女儿已经二十多岁了，却突然跟我说，她看我在婚姻中那么不幸，这辈子不想找男朋友，也不想结婚。我很着急，我该怎么劝导她？

答：

确实是这样，如果你在婚姻里过得很不幸，她一直看在眼里，叫她如何愿意？孩子对两性关系、家庭的观念，最直接、最深刻的感受来自父母的婚姻。

我经常分享一个观念：当父母在一起不能快乐（尤其是母亲受苦）时，一般情况下孩子是不敢快乐的，他们生怕会触犯父母的关系，因此就有可能在这种土壤中生长着他们的痛苦之花。

对你来说，可能是你的另一半不愿意配合，或许他真的也很糟糕，不光拖你的后腿，还成为你的障碍。然后，你逃离了。你以为逃离并把孩子带走了，就能解决你们的夫妻问题吗？其实，从身边一些类似的例子中我们知道，最大的受害者永远是孩子。孩子瞧不起爸爸，也有可能只是你的成见，在一个小孩眼中，无论自己的父母怎样，他们都是自己的天和地。

所以，即使有时候我们为了孩子或其他原因，不得不在家庭中孤军奋战，那我们也要先活出自己的样子：坚定中保有包容，不幸中寻找幸福。对另一半放弃期待，放弃幻想，护念好自己的心，保持积极的生活态度和自律的生活方式。这也是我们对下一代的启示和教导。

现在，你首先要做的不是急于劝导女儿去恋爱结婚，而是要重新面对你们的关系，和女儿真诚地谈谈，就你曾经的错误看法和做法向女儿道个歉，冷静、公正地看待孩子爸爸和家庭关系。当然，如果可以，也邀请孩子爸爸参与进来。至于女儿最终是否选择恋爱和结婚，不要强求，不必太顾虑别人的看法。

我的观点是：如果一个人找不到合适的伴侣，不要将就，不要为了面子勉强跟一个人结婚。要了解自己，明白怎样对自己最合适，要勇敢面对。

有个当教师的妈妈是怎样的体验?

问:

我是一名教师,我带的班级一直很优秀,但对自己的孩子就没办法了。我那么爱她,她却处处跟我对着干,搞得我一点尊严都没有。问题到底出在哪儿?

答:

你的问题出在哪里呢?为什么你作为一名老师,管别人的孩子能管得很好,面对自己的子女就没办法了?我认为,区别就在于:你对自己的孩子强作主宰,而对别人家的孩子,你没有这个要求。

有些人最大的问题是强作主宰,然后自讨苦吃。"爱"变成了一件华丽的外衣。

做教师的子女,孩子有福但也有苦,你们的爱很可能成为孩子的罪。因为教师见过太多优秀的孩子，便会不自觉地用那些优秀孩子的标准要求自己的孩子，即使你们不说出来，但那份期望、那份急切，孩子们能感觉得到。

　　针对你的问题，如果你要让自己不但在学校有尊严，在家里也有尊严，那就要放弃强烈的主宰。放弃主宰，并不是什么事都不管了，做妈妈肯定是要尽心尽力，但不要再和别人比，特别是不要再拿她跟自己教过的优秀孩子比。你以妈妈的身份而不是教师的身份，多去关心孩子，了解孩子，多付出，不要太在意结果。你改变了，相信孩子能感受到，她也会做出改变的。

心　语

- 不要把快乐和幸福建立在一个人身上，
  爱是两个人的事，你只管做好自己，
  把握好快乐的主因——自己的心。

- 真正的爱是在你自己里面，不在外面的这个人。

- 爱的关系并非让你来获得永久不变的幸福，
  而是让你变得更加自觉——自我觉醒。

- 如果可以选择的话，要选择愿意终身成长
  并且也支持你成长的人作为伴侣。

- 只有当一个人自己想要改变时，改变才能发生。

- 如果夫妻在一起不快乐，那么孩子也难以快乐。

第六章

我们，总是被关系滋养着

生命就是关系。抛开关系，不存在生活。
关系好，一切都刚好；关系不好，一切都糟糕。

生命就是关系吗?

问:

你经常说"生命就是关系",这句话如何理解?难道一个没有关系的人,就不能过好生活了吗?

答:

你稍微回顾一下自己的过往便会发现,生活确实是由各种关系组成的,所以我常说"生命就是关系",我们是活在各种关系中的。

生活在人世间,纵使你躲进深山老林,也都离不开种种关系。你与大地的关系,与空气的关系,与食物的关系……但这种种关系,其实也都反映着你和自己的关系。可以这么说,如果你和自己处不好关系,那么你也很难处好生活中的各种关系。

关系就像是一面镜子。你可以列出走进你生命中的任何一个人，如果你喜欢他，那么他身上的某些品质或某些信念，也是你所拥有或向往的，所以你看了会感觉很亲切、很向往。如果你讨厌某个人，那他身上让你讨厌的某些特征，可能也正是你自身具有的，所以你需要回避。

从某种程度上来说，他们之所以进入你的生命中，都是因为你自己或正面或负面的吸引。因此，我们一方面可以从关系中洞察自己、认识自己，另一方面可以调整我们的信念，以吸引到更优秀的人进入我们的生命。

我们身边最亲近的人，比如孩子，你如果讨厌他身上的某些行为习惯，你也可以当镜子照照自己，我估计大概率你也有那些行为习惯。如果你能致力于从自己身上消除掉这些坏习惯，而不是要求孩子去改正，那你会是很棒的父母。相信用不了多久，孩子也会自动改变，这样你也会享受到亲子关系带给你的滋养。

人与人之间为什么那么复杂?

问:

无论是与父母、子女的相处,还是与同事的相处,我都有这样深刻的体验:好复杂!所以,我宁可养宠物,平常也是尽量避免与人打交道。人与人的关系为什么会那么复杂?

答:

人与人之间的关系为什么复杂,说白了,还是那句话——关系中的人处在不同层次上。

一般情况下,你不能跟对方沟通,是因为你们沟通的时候思想不在同一个层次。或者说,你们在一起的时候关注点不同,都只想着自己的事。

我身边有这样一对年轻夫妻。丈夫从北方出差回来,他希望妻子看到自己满脸疲惫向他道一声辛苦,然而盼望丈夫早日回来的妻子却特意穿上一件漂亮的新衣服，希望丈夫回来能一眼看到她的美。他们的心都放在了各自想要关注的事情上面，结果两人都失望了。一个说妻子不心疼自己，一个说丈夫不关心自己。

人们的关系为什么复杂？我认为，就是因为各自打各自的主意，今天我打这个主意，明天打那个主意，变来变去，永远猜不到。直到其中一个人意识到了，就是有了一种自我觉察力：哦！我这是在干什么？知道自己在干什么的那一刻，你那个动来动去的主意就消停了，你看见了对方。这也就是儒家所说的"行有不得，反求诸己"。

你想周围的关系变得简单，就去练习你的洞察力，有了一次一次的心得后，你周围的关系会越来越轻松，你也会慢慢享受其中的。

我个人觉得，人是需要被美好的关系滋养的，千万不要随意放弃这份滋养。你养宠物，宠物可能会带给你一些放松和快乐，但是它无法带给你智慧和成长。所以，把你的心打开，主动去接受和拥抱身边的人，建立美好的人际关系，以滋养彼此。

独处会过得更好吗?

问:

你经常讲关系中的调和,能讲得更具体一点吗?面对种种分歧,我觉得很烦,总想着不如直接离开关系,我指的主要是我的家庭关系。远离关系去独处,那样是不是更干净、更简单?

答:

我的看法是,关系中的很多分歧,恰恰是一种新的联结机会。如果你能理解我这个观点,就不会离开关系,一走了之,那样只会是一种莫大的遗憾。

举例来说,一对亲人,难免会因意见不同而起争执,如果双方选择坐下来谈谈各自的情绪和想法,那么便会更理解对方在想什么,也更能看到自己的问题,各自站在对方的角度为对方考虑,接下来双方的关系会更好一点。

我们可能会在争执中抱怨，甚至哭泣，这也是让自己内心问题暴露出来的一种渠道，否则我们永远不能完整地认识自己。当然，我们不能利用情绪来威胁别人。

家人能聚在一起的时间其实是非常少的。生活中紧密相关的人，我会常做三想：曾经未遇之前的无他想、因缘相欠的还债想以及他来度我想。我们因为各种因缘被迫放在一起，他之所以要在我的关系中存在，是因为我还不完整。换句话说，自己要改变，要试着去接受和原谅。

当然，若对方做得太过分了，你也不能屈服，不能唯命是从或者按照对方的要求去委曲求全。

你可能觉得自己的一生过得很不容易，需要太多善巧，需要见机行事，需要变通多思……此时，你可能会很想逃离、独处。但是，为了远离关系而独处的你，真的能过得好吗？那时，你可能又会面临新的问题。

所以，我们要尽可能从正面的角度去思考和家人在一起的好处。虽然我们的父母或者伴侣有时候总想控制他人，他们总是试图左右我们的情感。你能觉察到这些，就能慢慢化解矛盾。

如何恰当地处理家族之事？

问：

我是一个比较重视亲情的人，我非常同情家族中那些弱势的亲人，对他们是"哀其不幸，怒其不争"。我理解他们，但真的无法接受他们的做法，很难与他们产生共鸣。我想帮他们，但似乎又无法插手，他们对我很警惕，甚至排斥我。我不知道该如何处理。

答：

我认为，家族中的各种关系有赖于适当的感情输入，即从对方的立场去考虑对方的想法，了解对方的感受、要求和苦恼，并给予对方适当的同情。

但感情输入并不一定要与对方产生共鸣。共鸣是指了解对方的感受，同意并接受对方的感受。也就是说，你可以同情对方，但不一定认可对方的感受。

  如果我们想要以自己的能力影响对方，那必须先了解他的背景和立场，最好能找出他的优点、好处，默默地关心他（这也是给予面子，不幸的人有可能自尊心很强），而不是趾高气扬地指责他，让他知道我们并不是存心要干预他、改变他——因为人总是对被改变抱以警惕之心，我们是因为亲情而施以援手。

  设身处地为他着想，背后默默关心他时，他一般会接受关心。这个时候适当地晓之以理，使他觉得如果换一个角度，换一种做法，他可能会过得更好。这样由情入理，给足面子，使他自觉主动地讲道理，并做出改变。

  一般情况下，当人有面子的时候会比较讲理，没有面子的时候，会恼羞成怒或蛮不讲理。你想帮助他，就遵从本心，注意方式方法，相信你一定可以做到。

怎样改善人际关系？

问：

我的人际关系处理得不太好，无论是在家里，还是在单位，感觉身边的人总是有意避开我，说我爱多管闲事。问题是，我对他们也看不顺眼。我这是什么情况？

答：

我认为，想要人际关系好，有很多方法，比如保持真诚友善，讲信用，多付出，多给予，不斤斤计较，等等。

要处理好人际关系，就不要好为人师，不要自以为是地去帮人，更不要随意管控对方、教育对方。

人家为何要避开你？为何说你多管闲事？你去管的时候是不是强势要求他们按你的意思来？

大多数人际关系的破裂，大部分是因为一方想要刻意管对方、改变对方，结果造成双方对立。两人关系越亲近，对双方的感情伤害可能会越大。

以管孩子为例，你可能会认为，我做妈妈的不去管孩子、不去改变孩子的不良行为，那我岂不是对孩子不负责任吗？

我的建议是，你只要做好自己，改善自己，提升自己，尽心尽力地教导孩子，你可以影响他，但一定不要刻意去改变他。这两者可不是一回事，它们之间没有冲突，你要把它们理解到位。

如果孩子的行为确实出现重大偏差，你可以创造一个让他独立思考和反省的机会，创造一个让他慢慢成熟和改变的机缘，让他自己调整。

否则，关系就变成了：你要改变他，他不让你改变；你要帮他，他不要你帮。两人产生争执，关系破裂，问题依旧没有解决。

所以，智慧永远是整个行动的因。试着回顾一下，我们什么时候因为别人而改变过？我们是因为别人让我们改变而改变的吗？其实，我们大都是在自我反省中改变的。别人告诉你一个道理，你不一定会因此做出改变，而是吸收这个道理后，自己反省，自己觉悟，自己主动做出改变。

家人为什么不理解我？

问：

周围很多朋友都外出学习、进修，我也想出去学习，出去闯一闯，可家人总是反对我，导致我们的关系越来越对立。他们为什么总是不理解我？

答：

根据我的观察，家庭成员之间缺乏亲密的情感和精神层面的沟通、交流，是大部分问题和矛盾产生的根源。

家人反对你这个那个，并不一定是他们反对那件事，而是对你的行为不理解，害怕你受伤。

要想争取家人的理解和支持，应该先打消他们的担忧和顾虑，让他们感受到与你在情感上的联结，感受到你对他们的关心和重视，感受到你对他们支持的渴望。

另外，你每次学成归来，一定要学以致用，在日常生活中让家人感受到你的成长和变化，感受到你既提升了自己，同时也能把家照顾得更好。家人看到你的积极转变，看到你的进步，他们便会认同你、支持你，觉得你出去学习是值得的。反之，如果你变得越来越固执、越来越自我，那他们下次便不会支持你去了。

怎样做到随顺对方又不失自我？

问：

我听你讲过，在关系中要随顺对方，可是我顺了对方，对方却更不把我放在眼里。我该如何把握这个度？

答：

我的建议是，先顺着对方，让对方接受你，才能沟通。如果对方排斥你，根本就没有沟通的可能。

打个比方，水随不同的器具会呈现为不同的形态，遇方则方，遇圆则圆，遇热成气，遇冷成冰。同样，我们处理事情时，遇到什么样的人，就以对方能接受的方式与其沟通。但有一个原则，水虽然遇方则方，遇圆则圆，但它不会变成那个器具。随顺对方，绝不是要求你改变自己的原则和本质；随顺对方，你不能失去自我，要始终明白自己在干什么。

我很喜欢一个故事：一个神仙看到一只迷途的小鹿，就想救它，便变成一只美丽的鹿王，去给小鹿指引道路。小鹿非常感激。神仙为什么不直接以"神仙"的形象下凡？神仙又为什么不变成一只普通的小鹿？你可以思考一下其中的奥妙。

社恐应该如何保护自己？

问：

我是个社恐，因为曾经在人际关系中受到过伤害，对人际交往既恐惧又向往。我不怎么会说话，总说不过人家，容易与人产生口舌之争，自己屡屡有挫败感，人家对我还有怨言。我该如何在人际关系中保护自己？又该如何与人友好相处呢？

答：

我从身体、口舌、心态三个方面谈谈个人的想法。

身体方面，你尽量让自己保持一个相对放松和安静的状态，与那些会让你躁动不安或贬低你的人暂时保持适当的距离，多接近那些能让你信心增加的人。

口舌方面，你尽量避开跟人家争吵，也不要随便发表你个人的评论，凡事三思而后行，不要妄下断言。因为世间很多事情，是好是坏没有固定的标准，今天看起来是好事，或许明天就会变成坏事。你看这个人好，也许在别人看来这个人不好。每个人评价的标准不一样，你要减少是非和口舌之争。

心态方面，你待人要始终保持正直、真诚。孔子说过一句话："以直报怨，以德报德。"意思是说，对怨恨，要用正直的心来回报，"直"是正直、直接，也包含公正无私不偏不倚的含义。对某些爱走极端的人，你也不必自我隐忍，但也不要以暴制暴，要善用公平的法律。而对有德的人，那就要用恩德来回报。

当然，除了以上这三个方面，你还有其他办法可以改变现状。总之，保持善良的初心，以诚待人，相信你会逐渐处理好人际关系的。

如何才能交到挚友？

问：

从小到大，父母一直提醒我：小心交朋友！我心存顾虑，不敢与人深交。我现在参加工作了，也没有真正的好朋友，平常来往的朋友都是面上的，没有过多深交。但我其实非常渴望人生中能有很多知己，如何才能主动地交到挚友？

答：

知己不在多，一两个足矣！

我认为，交朋友这件事，本来也是看缘分，不需要刻意。你不必为了交到朋友、为了面子而投入很多泛泛的人际关系中，或消耗大量的精力、时间去拼命维护所谓的资源。

你跟谁在一起，对你是很重要的。"近朱者赤，近墨者黑。"和正能量的人在一起，能使你积极向上；与负能量的人在一起，会使你消极颓废。所以，在日常交往中，你要有所取舍，哪怕只是面上的朋友，相处时间久了，你大概会心中有数，这个人品行怎样，那个人修养如何。你要多亲近善友，远离恶友。恶友，会默默地偷走你的能量和希望。交上恶友，不如无友。所以，你父母说的"小心交朋友"并没错。

善友难得！孔子讲过"益者三友"："友直，友谅，友多闻。""友直"是指与正直的人交朋友，"友谅"是指与诚信的人交朋友，"友多闻"是指与见闻广博的人交朋友。

孔子还讲过"损者三友"："友便辟，友善柔，友便佞。""友便辟"是指与谄媚逢迎的人交朋友，"友善柔"是指与表面奉承而背后诽谤人的人交朋友，"友便佞"是指与善于花言巧语的人交朋友。

我的另一半总是很不配合，我该怎么办？

问：

在我的家庭生活中，尤其是有了孩子后，我的另一半总是很不配合。有时候，我想着他的原生家庭也很糟糕，还不如早点离婚来得干净，但是我又怕伤害了家里的其他人，几乎每天都在心里做斗争。我该如何选择呢？特别是对孩子成长来说，怎样做才能更好一点？

答：

我认为，在任何情况下，我们都不要抱怨自己或伴侣的原生家庭，其实一切都是匹配好的，都是我们自己成长要走的路。所以，先不管别人，不要急着去责怪别人，只管好自己即可，先找自己的问题。比如，你是妈妈，先不管爸爸，你先反省、检讨自己有没有做得不够的地方。

为什么有些夫妻未生孩子之前相处和睦，而有了孩子后，就争执多了抱怨多了呢？孔子说过一句话："躬自厚而薄责于人，则远怨矣。"意思是说，多责备自己而少责备别人，那就可以避免别人的怨恨了。

反省自己，是出于良心和责任的自觉。薄责于人，则是对别人的尊重和接纳。两者都是个人的自我修养。因此，希望自己成为一个什么样的人，希望孩子未来成为一个什么样的人，就一步步按照自己的希望，心甘情愿地从自己做起。试想，即使没有另一半，养育孩子的事，难道不是我们自愿的吗？

而心甘情愿的心情，其实是最没有阻碍的，也是最容易达成目标的。从这个角度来说，我们应该感谢我们的孩子，因为他们的到来，我们多了一份动力去变得更好。

是继续保持沉默,还是还击?

问:

同事莫名其妙地与我过不去,背后攻击我,我本来是一个不爱找事的人,已经忍耐很久了。我该怎么做?是继续保持沉默,还是还击?

答:

在没有弄清楚事情的真相之前,我不建议你还击。

我觉得你和同事之间可能存在两种情况:一是他或许对你有误会。二是你的言行举止或许无意间伤害了他,让他心里不舒服。

对第一种情况,你可以真诚主动地去和他沟通一下,真实地表达你的想法,消除你们之间的误会。

对第二种情况,你要反省一下自己。你说话办事前,是否考虑过对方的感受?是否损害了他的利益?职场中,一定要谨言慎行,少说话多做事,少追逐利益,保持一颗平常心。

如果不是你的问题,也不要还击,你就埋头走好自己的路,努力提升自己,任他人去斤斤计较。当你们的差距越来越大时,你自然就听不到那些声音了。

是做独特的人,还是做合群的人?

问:

在这个时代,是应该做一个独特有个性的人,还是应该做一个随和合群的人?哪一种人更容易过上幸福的生活?

答:

做一个独特有个性的人,还是做一个随和合群的人?我认为,这两者其实并不矛盾,为什么一定得非此即彼呢?你既可以保持自己的独特个性,又可以随和合群。至于幸不幸福,这也是你自己的感受。旁人看到的幸福,并不一定是真的幸福。你亲身体会到的幸福,才是属于你的幸福。

当然,你也可以选择两者之一,只要你内心可以接受自己的状态。

我想提醒的是,你可以独特而有个性,但一定要对此有担当。

你要有直面问题和孤独的勇气,这样做人生路上才有底气,否则很容易把自己逼进死胡同。明白和坚守自己的喜好是好事,但当一个人只想着自己的喜好时,心胸和眼界便会变得越来越狭隘。有时候即使一开始是小问题,也会逐渐发展成大问题。反之,只要你能想到别人,看见别人身上的光,你的视野就会变得宽广而明亮,你便不会抗拒他们,你会向往和他们融为一体。

心　语

- 关系就像是一面镜子，
  能照出你的内心相貌。

- 想要和对方相处得和谐，
  就要努力和对方处在同一个层次。

- 关系中的很多分歧，
  恰恰是一种新的联结机会。

- 你可以同情，但不一定同意。

- 有效沟通的前提是，你要让对方先接受你。

- 不要去抱怨原生家庭，
  一切都是匹配好的，
  都是我们自己成长要走的路。

- 你可以独特而有个性，但一定要对此有担当。

第七章

活出幸福感，便是圆满

懂得知足和感恩的那颗心，
就是无尽的宝藏，无限的幸福。

幸福有定义吗?

问:

大家都在追求自己的幸福生活,但似乎很多人都觉得不满足。幸福有标准和定义吗?如何获得幸福感?

答:

你询问一百个人,或许对幸福会有一百种定义。这个人认为这样生活是幸福,那个人认为那样生活才是幸福。又或者,这个人今天认为这样幸福,明天却认为那样才是幸福。

物资匮乏时,很多人会认为,等拥有了丰富的物质,生活一定会幸福。但拥有了物质财富,就幸福了吗?

我年少时认为,如果我长大了去做一名工人,一定会很幸福。现在,我当然不这么认为了。所以,幸福的定义在每个人心中。

如果一定要概括出让我感到幸福的词,我觉得那应该是知足和心安吧。当你感到满足时,是不是很幸福?当你心安时,是不是也很幸福?

物欲很强的人,不可能幸福;攀比心很重的人,不可能幸福;自私自利的人,不可能幸福;人心浮躁之地,不可能产生幸福;背信弃义的人、表里不一的人,应该都会和幸福无缘吧!

孔子说:"君子坦荡荡,小人长戚戚。"心胸坦荡的人可以幸福,斤斤计较、欲念太多的人不可能幸福。

稳定的幸福感不是来自外在的世界,而是来自内心世界,来自我们对生活有正确认知后的珍惜和随顺。

幸福过活是一生,不幸福过活也是一生。哪怕你出生在一个糟糕的家里,做着又脏又累的工作,只要你想要幸福,你总能做到的,因为它是由你自己的心决定的。

我的一个朋友说过,人越过越不幸的三大原因是:懒惰、自私、恐惧。反过来,只要放下过去的诸多缺点,放平心态,改变自己,多勤快一点,多付出一点,多自在一点,带着信任和希望,去多爱一点这个世界,你就可以幸福。你能做什么就马上去做什么,你想干什么就勇敢去干什么,脚踏实地,这样就比较容易获得幸福。

总之,我们把自己的心安顿好,人生就近于幸福了。

你的幸福力来自哪里？

问：

每次遇见你，我都感受到你全身散发着幸福的气息。我很想像你一样，拥有这种幸福力。你能不能告诉我，你有哪些具体的幸福点？让我对照一下，慢慢学会如何发现幸福。

答：

我会在一切细微处感受美，从而生出由衷的幸福感。

此时此刻，我就可以告诉你。比如：

专注地完成一项工作后起身看窗外时；

积极地影响了他人而获得反馈时；

意外地收到一个被他人记得的祝福时；

和家人一起轻松谈笑共享人间烟火时；

一个小小的想法或建议被在乎的人接纳时；

做了错事正忐忑着却被一个笑容原谅时；

与小朋友在一起被当作小朋友玩游戏时；

与一个记挂的人久别重逢紧紧拥抱时；

灵感如星光一般闪亮时；

…………

我还可以列出很多：疾病康复感觉生命可贵时，漫步于冬日里的暖阳下停止思考时，读到一段灵魂相碰的文字时，与儿子重温他儿时背过的经典诗词时……当我写下它们的时候，我也是深感幸福的。

幸福感的获得，对我来说，是相对容易的。这并不是说我有多么好的条件，也不是说我有所谓的幸福天赋（与其他品质一样，幸福也有天赋），而是因为我已找到它的源头，然后不断地去和源头连接，使之成为一种习惯。

人一旦获得幸福的奥妙，幸福就没有限制。也就是说，我们可以无限地感受到幸福。

我想，对大多数普通人来说，活着，幸福才有意义，其他的，诸如成绩、成功、成长、成就等，都是达成幸福的一些途径和要素而已。

幸福也是一种能力，它更能体现一个人的生命质量。它不仅是人人之向往，其实也是人人本来就具有的。它不需要去创造，只需要去发现。这就像你本来就是一座矿山，只不过被你一直忽略了，现在只需要去发现、去开采，不需要你长途跋涉地去其他地方寻找或创造。

目前,我们即使不能改变现状,也至少要让自己比过去更幸福一些。当然,如果有一些更好的改变,幸福感当然也就更加强烈了。

如何成为一个快乐的人？

问：

我已经足够努力，也有了一些小成就，但我的快乐与成就并不成正比，令我开怀大笑的事情越来越少。别人说我是高冷，其实我不是，我很羡慕他们能哈哈大笑。我该如何成为一个容易快乐的人呢？

答：

我个人认为，你并不需要通过做什么去获取一种快乐。快乐是你的本能，只是你忘记太久了。

不知从什么时候开始，有些人把"快乐"当作一种目标，变成一种渴求。

目标和渴求，有时会让我们置"快乐"于身外。在这种情形下，我们或许以为快乐要借由物质、竞争、比较、努力、想方设法等才能实现。因此,这个获得的过程便会充满紧迫、忧虑、不安、患得患失等感觉。也就是说,有时候我们为了达成一个快乐,会给自己设很多限制条件:"只有这样或那样,我才可以变得快乐。"这是一条艰难而不可测的道路,所以才会有很多人辛苦劳碌一场后一无所获,只落得失落和不甘。

快乐是我们的本能。我们之所以能感受到快乐,是因为某件事、某个人、某项成果把我们自己的快乐本能激发了出来。事实上,快乐本身从来都是处于"在"这一待命状态。

是的,它一直在。然而,我们很多人以为,是那件事、那个人、那个成果给了我快乐,没有那些,我们就没有快乐。因此,很多人才会一直追寻快乐。

如果我们没有这个认知,就需要拼命拿无数个某件事、某个人、某个成果来刺激和维持那点快乐,直到对它们变得麻木,再去换新的,如此周而复始。这便是我们疲于奔命的原因。

快乐,真的需要条件吗?想一想最初的某些时光。

你如果快乐地去上学,不是因为去上学而让你快乐了。相反,去上学反而可能让你变得不快乐。当然,也有可能上学会让你更快乐。

你快乐地回家,也不是家让你快乐了。相反,你的父母可能正在冷战,你一到家就不快乐了。当然,回家后,你也有可能因为家庭的温暖而更快乐了。

你快乐地投入爱的海洋,不是那片海洋让你快乐了。相反,你一旦投入，也有可能过不了多久就不快乐了。

有时候，你就那么静静地坐着，什么也没有，什么也不干，你却感到很快乐。到底是什么让你快乐了呢？

我认为，快乐是我们自己拥有的一粒因种子，外面的一切都是助力。你发现了，呵护那粒种子，它便会生根发芽开花结果。我们把这个关系弄明白了，便能掌握让自己过得快乐的方法。否则，很容易本末倒置。就像有人说"成功会让我快乐"，但成功是不可控的，所以很多人变得很难快乐。反过来，便是"快乐会让人更容易成功"。因此，你要关照好你的快乐种子，让它开花结果。

我们认识到这一点后，就会主动去做一些让自己快乐的事、结交一些能让自己快乐的人，而不是被动地等别人来让自己快乐。这样，我们便会对人和事有所选择、取舍，知道哪些是我们不能做的，哪些可能会刺激我们短暂的快乐却会蒙蔽我们长期的快乐，哪些是会让我们的快乐因子闪闪发亮的。

因此，我们的很多不快乐，不能去怪这个事、那个人，是我们选择他们的。他们也曾给过我们快乐，是我们的得失心太重了，失去了平衡。我们从一个本来快乐的人，慢慢地变成不会笑的人，是我们脱离快乐出走太久太远了，忘失了我们自己的本心。

当然，我们也看到很多人总是很快乐。这些人大概可分为两类：一类是日用其心而不知，一类是深知其心而用之。

我们常常会说一些人心态好、性格好，说他们是乐天派。然而，有些人的快乐，只能发生在风平浪静时，却经不起重大的打击，一旦受伤，也有可能是致命的。

另一类人，则是实在地享用着快乐，拥有着坦荡、无穷无尽的快乐，他们甚至以苦为乐。他们明白该怎样度过这一生，他们早已看清快乐的本质，珍惜每一份快乐而又不执着于快乐。

痛苦、乏味、不快乐总是存在的。我们要做的是，经历它，却不随它转。在不快乐之前，我本来是快乐的，我的快乐一直在等我去发现并与之互动。我不需要通过追寻什么才可以得到快乐，快乐一直都在，从没有离开过我。

回归纯真的快乐本身，就可以重回平衡。快乐一直存在，一直等着你去发现。

努力和随缘,如何选择?

问:

有人说,你只有努力拼搏,才能获得幸福。也有人说,做人要随缘,享受当下便是幸福。哪一种说法更靠谱?

答:

我认为,两种说法都靠谱,也都不靠谱。世上有那么多人在努力拼搏,有人幸福,也有人不幸福。世上也有那么多人随缘而安,有人幸福,也有人并不幸福。真正靠谱的是你自己那颗明了的心:我是为什么而努力的?我是为什么要随缘的?否则,所谓的随缘只是一味地向外攀缘,结果却是忘失了自己的本心而迷了路。

努力和随缘并不矛盾,很多人努力中有随缘,随缘中有努力。随缘不是让人不作为,努力不是让人去强求。

我们应当为理想而努力，为幸福生活而奋斗，但心中要有规则、要有度，不要过了头，不要不择手段，那样会生出贪婪心。有了贪婪心，很难幸福。幸福在于努力中的生命发挥，以及努力后的知足和感恩。

为什么会有无意义感?

问:

我的孩子为什么常常流露出无意义感?我们对他那么好,他应该感到很幸福啊!

答:

我认为,我们应该让孩子知道,生命中真正的幸福和成就感必须依靠自己的付出与努力获得,而不是借助别人的给予来得到。孩子一遇到问题和挑战,父母就马上帮他解决,孩子反而会越来越感受不到幸福。

我们最大的匮乏感,不是缺乏什么,恰恰是太过顺利,无须发挥自己的价值和能力就可以轻松达到目标。一般来说,会享受幸福的人,往往是在自己付出的过程中发现其意义,并享受其中。你的孩子为什么常常流露出无意义感?在我看来,孩子可能觉得什么都是现成的，想要什么父母给什么，自己的存在毫无价值，生活没有意义，他当然没有幸福感了。你可以改变自己的教育方式，让孩子学会通过自己的努力去获得他想要的东西，让孩子多帮助家人、朋友等，从而让他获得成就感，让他感受到自己的价值。有了价值感，生活才有意义。

如何缓解压力？

问：

有人说，我们这一代年轻人是在蜜缸里泡大的，却还不知道满足，还觉得不幸福，这是不应该的。但其实，我们的压力也很大，却不知道它来自哪里，生活中的各种现实让我们感到焦虑，却没有时间缓解。我们该如何缓解压力？

答：

我认为，大多数压力来自三个方面：自我成长的压力、职业发展的压力和关系的压力。压力有两个明显的特征，一是指向未来。比如，对未来的不确定性，会让我们无从把握，我们会因未来充满未知和不可控而感到不安。二是压力会伴随着情绪体验，且大多数情绪会体现为焦虑和担忧。

感到有压力时，你可以判断一下自己的压力来自哪里。比如，你在担心什么？如果你感觉到自己的压力不是指向未来，而是当下的某种情况，那它可能是一种情绪。一般来说，产生焦虑等情绪的往往不是事件，而是自己对事件的看法。所以，改变看法就可以消解这些情绪。

我化解压力的方法共三步，供你参考。

一是认为压力是正常的。生活在这个世界上，大家都有压力，不同年龄段的人有不同的压力，适当的压力可以让我们不懈怠，促使我们成长。这是很正常的。

二是把压力转化为内心的一种愿望。以愿导行，就会更有力量。比如，领导交给你一个项目，一开始是外来的压力，现在把它转化为内在的愿望：我想通过它来提升自己的能力。那么，消极的压力感就会转化为积极的动力感。

三是想明白自己要什么不要什么，懂得舍弃，马上去做，但不要急于求成。

我认为，产生焦虑的主要原因有两个：想要同时做很多事，又想要立即看到效果。想要太多，但又无法兼顾，不舍得放弃又等不起，结果就只能焦虑不安了。

我们对自己要有准确的自我认知，恰当而行。老子说过："知人者智，自知者明。"对人对己，做一个明白人，清醒地认识他人、认识自己，就不会那么焦虑不安了。

我不配得到幸福吗?

问:

为什么我看到别人都是那么幸福?而我却感受不到幸福?是我不配得到幸福吗?

答:

"子非鱼,安知鱼之乐?"

你以为别人比你快乐,或者不如你快乐,这些都只是你的假想而已。

不要自以为是地看待别人的幸福!我认为,一个人幸福与否,光看外表是无法判断的。也许你在别人眼里也是个幸福的人。如果你总是这样想:为什么别人这样好,我却不是?是我不配得到吧!这样的想法只会让你越来越不好。

你可以把这个想法调整一下:别人能做到很幸福,我也可以。

其实，你现在的思想、信念等，都在创建着你的现实和未来，你的大脑会对你所想象的内容做出反应，继而指导后续的行动。如果你总觉得自己不配得到幸福，总陷入自卑情绪中，你将会变得消极，有可能失去好机会，导致自己觉得不幸福。

你不妨经常留意一下你正在思考什么，它是积极的还是消极的。比如，就在此时此刻，不管你面临什么情况，请你试着用积极的心态、乐观的态度、努力向上的行动，去面对各种事情。这样做，你将收获满满的幸福感。

思维是否决定幸福？

问：

请问，幸福与不幸福，是不是思维不同带来的？

答：

我确实遇到过一些很幸福的人，相对来说，他们比较擅于双向思考。可以称之为"幸福思维"吧！

一方面，每个人都是不完美的，都是有缺点的，这会让我们学会谦卑、努力和精进；另一方面，每个人都具有自己的特长和优点，这会让我们有信心和力量。

一方面，我们知道一切都会过去，万物是变幻莫测的；另一方面，我们明白这过去的一切将会影响我们的未来，但有些事物的本质是不会变的。比如，你种下一颗西瓜籽，它会不断生长不断变化，但它是西瓜籽这件事是不会变的。

比如，杯子盛满水，到底好不好？当然好，有满满一杯呢！杯子空着好不好？也许更好，因为它还有盛其他东西的可能性。我们看问题的角度、判断事物的方法，和思维方式有关，拥有了正确的思维方式，你便可以感受到幸福。

如何从情绪化中走出来？

问：

我最大的毛病就是情绪化，总是控制不住自己的情绪，我该如何从情绪化中走出来？

答：

我曾写过一篇文章，名叫《情绪不可怕，最怕情绪化》。在文中，我提出一个观点：情绪化，本质是自我无力的无理取闹。

我们很多人每天被各种欲望和际遇裹挟着，或多或少会产生各种正面或负面情绪。常言道："人生不如意之事十有八九。"有些人紧紧抓住那一二，便能抵御住那八九的变幻莫测，让自己身心保持平衡。有些人却总是忽略那一二，死死陷入那八九之旋涡中，起起伏伏，周而复始。

我个人并不认同那种所谓的"戒掉情绪""不要有情绪"的

说法。有情绪很正常，但最可怕和最消耗人的是情绪化，多了一个字，情况就变复杂了。前者是相对单一的心理呈现，若有感知，改变一下想法和看法便可稍后停止。后者却是不同情绪的不经意转换，是人们在极不理性的情感驱使下产生的喜怒无常，往往让身边的人不知所措。所以，对自己的情绪，我们既要有觉察，也要善于管理。

管理情绪要体察自己的情绪、适当表达情绪、正确放松情绪。你可反问自己，我这情绪是从哪里来的？是从那件事、那个人来的，还是我自己创造的？最后，你会发现，其实都不是，无非就是各种因素的暂时反应。

需要提醒的是：情绪是用来表达的，它是流淌的，不是用来压抑和发泄的。压抑会伤害自己，发泄会伤害他人。如果你一直压抑着负面情绪，不彻底释放出来，它就会像定时炸弹一样，随时会危害你的心理健康和生理健康。比如，被长期压抑的怒火很可能会升级为抑郁，被长期压抑的内疚感很可能会造成一个人不自信。你先觉察情绪，不要压抑情绪，然后适当地表达自己的情绪。情绪化来临时，适当地纾解情绪。

下面是我用来纾解自己情绪的五个方法，供你参考。

第一，和自己信任的、较理智的朋友或长辈聊天。

第二，用哭来发泄。

第三，用运动、健身或旅游缓解。

第四，写心情笔记或和自己谈谈（自问自答）。这个方法我个人用得最多，非常有效。

第五，制订一个新的、很容易达成的小计划。轻松取得小成果，让这个小成果为自己翻篇。

千万不要用忙碌或暴饮暴食、疯狂购物等方式来逃避，那只是暂时的。你一旦空下来，情绪会更加糟糕。

希望你能适当地表达情绪，正确地纾解情绪，早日从情绪化中走出来。

如何坚持早起?

问:

我是一个喜欢睡懒觉的人,有时偶尔早起,便会觉得无所事事。但我又常听人说,早起可以让心情更好。我想强迫自己改变作息习惯,要怎样才能做到坚持早起呢?

答:

我认为,我们的生命和时间都由自己支配和决定,没有什么是不得不这样做的。每一种选择,只要适合自己就好。

关于早起这件事,我来谈谈我自己的体会。

早起这件事,可能在有些人看来很辛苦,而我个人觉得这恰恰是值得庆幸且快乐的事。睡懒觉确实比较舒服,尤其在周末的清晨。但这并不一定是身体所需要的,或许只是我们贪恋那种能多睡会儿的感觉,特别是冬日的周末早晨,很多人很享受待在温暖被窝里的感觉。对此，我也深有体会。

早些年，我也非常爱赖床，即使醒来了，也不愿马上起身，就躺在床上胡思乱想，然后才懒懒散散慢腾腾起来。大多数情况是时间来不及了，把自己逼迫得匆匆忙忙。

于是，我决定做出改变。我的方法是给自己安排一个长期的活儿。比如，每天早晨七点左右要写好一篇关于自我成长的小文章。这便意味着我每天要五点左右起床。

能在一天中最清静的时刻做对自己成长有意义的事，以此开启全新的一天，这应该是一种珍爱生命的方式。这段时间，如果不是用来思考并写作，我就会赖在床上，或者东摸西摸磨磨蹭蹭，时间便很快过去了。这些年来，我的成长也好，有一点小的收获也好，都是每天早起带给我的自然奖励，我为此感到庆幸。希望你根据自身的实际情况，做出一些合理的调整或改变。比如，给自己早起列个小计划，晚上尽量早睡，完成早起计划后，适当地奖励自己，以此慢慢养成早起的习惯。

心 语

·幸福感不是来自外在的世界,
而是来自内心世界,
来自我们正确认知后的一种珍惜和随顺。

·幸福不仅是人人之向往,
其实也是人人本来就具有的。
它不需要去创造,只需要去发现。

·凡事勿过度。

·能够双向思考的人,往往过得比较幸福。

·有情绪很正常,但不要"情绪化"。

·没有什么不得不这样做的事,
每一种选择,只要适合自己就好。

第八章

用新的认知，完善自己的生命

我们的认知会影响我们的行为，
行为反过来会改变和促进我们的认知。

认知影响行为吗？

问：

我头脑很简单，也很冲动。我的一些决定和行为，往往是带着希望开始，却总以失望甚至痛苦结束，然后我便卡在那里半天出不来。我不知道该怎样扭转这样的局面。

答：

一个孩童，他不知道开水会烫，所以才会把手伸过去。孩童的手被烫了后，他就不会碰开水了。这是一个比较简单的例子。在我看来，无知是一个人做出错误行为的主要原因之一。我们的认知会影响我们的行为，行为反过来会改变和促进我们的认知。

当我们确切地明白容易让我们冲动的东西往往是很危险的，可能会给我们带来痛苦时，我们便会放弃这种欲望。我们的认知告诉我们,这是危险的,我们便会放弃错误的行为。有些人的不幸，其实是在为他们的错误认知买单。认知低，盲区便多，比较容易被经验、眼前所见、冲动情绪等局限了眼界、误导了判断。认知高，往往会有全局观和整体意识，眼界也广，更容易做出理智的判断。

我们的"心胸"很重要，一个人的认知影响其心胸，心胸的宽广与否则影响其一生的成就。

有一个著名的心理效应模型，把人的认知分为四个层次。

第一个层次：不知道自己不知道；第二个层次：知道自己不知道；第三个层次：知道自己知道；第四个层次：不知道自己知道。它们可以分别理解为：盲目自信的愚昧，面对未知的敬畏，了解事物的规律，保持空杯的心态永怀求知欲。这些层次描述了人们在认知过程中不同阶段的心态变化，最后一个层次是认知的最高境界。

我们要想让自己的决定和行为是正确的，首先要向先贤圣人学习，以不断提高我们的认知。

如何停止精神内耗?

问:

我在年轻时蹉跎了岁月,错过好几件事,现在经常陷入后悔中不能自拔。每每想起那年那事,我都要花很长时间才能走出来。我感觉这是一件很内耗的事,这样的弱点要怎么改进?

答:

我曾听人讲这样一句话:"种一棵树最好的时间是十年前,其次是现在。"其实不然。在我看来,无论过去怎样,现在才是最好的开始。我们不应该被年龄和时间限制,只要愿意从当下开始,便是最好的时候。

有些人总是后悔:"早知道,我那时就那样做了。"可惜的是,千金难买"早知道"。你如果总是陷入后悔中,就会把现在给耽搁了。你要确信一件事:你现在的思想和所做的决定,会影响你的未来。

现在,你好好回忆一下那几件让你后悔的事,重新调整一下自己的心态,总结让你后悔的原因,把它变成经验。然后,马上去做你当下可以做的事情。在这个过程中,你不要回头,只需把握好当下的每一件事情。专注于做好当下,便不再留遗憾。

其实,人生没有什么是过不去的,关键在于心态、选择与取舍。你要学会调节、平衡、自洽,从现在开始,抓住当下的每一刻,相信你会慢慢摆脱精神内耗的。

人工智能时代，我们能做什么？

问：

最近在关注人工智能，简直难以想象，我们的很多工作正在被人工智能取代，未来我们还有什么可做的？

答：

我个人一直保持的观点是，人工智能会替代和协助我们做一部分工作，但不可能替代人类的全部工作。人工智能虽然效率高、算法强，但也只是冷冰冰的代码、数据，它们没有感情，没有人类的内心世界和意识。

人工智能没有情绪，它们任劳任怨，工作效率极高。但它们无法进行情感交流，也没有创造能力，一些复杂决策、创造性思维等，仍需要人类来完成。

在未来，人工智能将继续改变我们的生活和工作方式，但我们也要看到其中蕴含的机遇。我们要不断学习新技能，找到自己的位置，不断提升自己的不可替代性。

是留下，还是离开单位？

问：

我单位的领导比较强势，有的同事来了几个月就离职了。我若不服从他的安排，怕他给我穿"小鞋"；服从他，又违背了我自己的意愿。我该怎么办？

答：

我认为，这种情况，你大概有以下几种选择。

第一种，想办法离开他管理的部门或者这个单位。

第二种，服从他的安排，毕竟他是上司你是下属。但你有可能内心会比较煎熬，因为你有自己的想法。

第三种，不离开工作岗位，但要提升自己的格局和能力，转变自己的观念和想法。

你的格局提升后，你的关注点就会发生变化，以前一些眼里的大事就会变成小事，小事变成没事，别人也会尊重你。你的观念转变后，你的心态便会改变，面前的烦恼反而是一种机会，你可借机提高自己的各项能力。强将手下无弱兵，你反而会感激领导的强势，把压力变成动力，成就更好的自己。

怎样看待死亡？

问：

我了解到你对死亡有一些思考，还听说你正在参与临终关怀。为什么我长这么大了依然害怕死亡，忌讳"死"这个字？

答：

年少的时候，我也害怕死亡，究其原因，无非有两个：一是对死亡理解得比较片面、狭隘，导致内心始终抗拒和回避死亡这个话题。二是因为道听途说，加上信息来源不专业、自己发挥想象等造成的恐惧心理。

上大学后，爱好文学的我读到一些关于死亡的观点。

博尔赫斯说："人死了，就像水消失在水中。"

余华说："死亡不是失去生命，而是走出了时间。"

村上春树说："我们是在时间之中彷徨，从宇宙诞生直到死亡的时间里,所以我们无所谓生也无所谓死,只是风。"

J.K.罗琳说:"对一个头脑十分清醒的人来说,死亡不过是一场伟大的冒险。"

…………

我突然就不再害怕死亡了,关于死亡的想象也变得浪漫和伟大起来。

但我真正理解死亡,是到中年后。此时我经历了亲人的死亡,开始接触临终关怀。于是,我不再抗拒和回避死亡话题,开始接受它,直面它。

病重了会想到死,这是自然本能的反应。若平日里身体好好的,却常思一个"死"字,那便是自寻烦恼。我认为,正确的心态是:把每一天当作生命的最后一天,不悔过去,不恋现在,不忧未来,便是大智慧。

如果知道一件事是无法避免的,便要迎接它,正视它,不管它何时来、会以何种形式出现,都要不慌不忙、不忧不惧。正如死亡。死亡是不可避免的,刻意回避只会让自己更加恐惧,在生命的旋流中更加被动。

我们的人生大多不过百年,有的甚至只有几十年,要务实地看待人生,直面生死。我们越早面对,越早了解,越早变得心态坦然。

生,我们无法重来,但死,我们却可以提前了解。就像我们的旅行,我们每一次出行,大多都需要准备好行李。那么,面对死亡这样的一次重大旅行,怎么可以不了解、不做好心理准备呢?——老实说,临终和死亡不是刹那,而是一段甚至很长一段时光。

我常常想起那句诗——

生如夏花之绚烂,
死如秋叶之静美。

希望我们这一生,活得安心,死得安详。

心　语

· 我们的认知会影响我们的行为，
行为反过来会改变和促进我们的认知。

· 你现在的思想和所做的决定，
　　会影响你的未来。

· 你的格局提升后，
你的关注点就会发生变化，
以前一些眼里的大事就会变成小事，
　　小事变成没事。

· 临终和死亡，不是刹那，
而是一段甚至很长一段时光。
作为人生最后一场旅行，
怎么可以不直面、不做好准备呢？

让你瞬间开心的二十个回答

问:
我一个普通人能为这个世界做点什么?
答:
让自己变得更好、更幸福一点。

问:
什么是修养?
答:
修善自己,滋养他人。

问:
什么叫"我知道"?

答:

"我知道"就是以后出现任何问题,都是去寻找自己的原因,也就是"行有不得,反求诸己"。

问:

如何放下?

答:

看破真相,自然放下。

问:

如何减少内心的忧虑和恐惧?

答:

内省不疚。

问:

为什么我总是受折磨?

答:

因为动心忍性,想让你成为更好的自己。

问:

你对自由的理解是什么?

答:

我的理解是能毫不犹豫地说"是",也可以内心笃定地说"不"。

问:

什么是高贵?

答:

独立而能自得其乐。庄子曾说:"独往独来,是谓独有;独有之人,是之谓至贵。"

问:

什么是爱一个人?

答:

爱是给予:我愿为你无私奉献。

爱是引领:我愿与你一起成长。

问:

同情心很强的人,如何不上当?

答:

可以同情,但不要随便同意。可以共情,但自己的立场要坚定。

问:

如何避免错误?

答:

不要轻易跟着自己的感觉走,要跟着内心里的真理走。

问:

幸福要靠争取得来吗?

答:

幸福的源头是:不争不比。老子说:"夫唯不争,故天下莫能与之争。"

问:

怎样才能有效地完成一件事?

答:

专心一处,无事不办。

问:

我希望自己关心的人有所改善,有什么方法吗?

答:

最可靠的方法是你改善。如果你做不到,那就多夸奖他、赞美他、欣赏他。

问：

怎样走出人生的困境？

答：

不要停在那里，那样会陷下去的。要向着哪怕只有一丝光亮的方向，一直往前走。

问：

在职场中怎样保护自己不受伤害？

答：

要永远保持谦逊而精勤。

问：

面对很多选择时，我该如何把握？

答：

如果可以选择，就选择真心喜欢的、适合自己的、确实需要的。

问：

有人对我说谎时要怎样应对？

答：

不要去管别人是否在说谎，你只需要关注一件事：我说的每一句话，我的行为举动，是为了大家幸福，还是只为了我自己。

问：

最浪费时间和精力的事是什么？

答：

沉迷过去、患得患失、想而不动、优柔寡断……

问：

什么是真正的富足？

答：

知足并乐舍。真正属于自己的东西，是不会因为舍出而少去。真正的富有，不是你拥有得多，而是觉得自己拥有的已经足够多。

十条让自己更幸福的建议

远离负面的信息、人和事,保持正能量。

无论何时都要有理想,以此激励自己。

珍惜当下,过有规律的生活。

拒绝拖延,做一个勤奋的行动者。

阅读经典,遇见更美好的自己。

定期清理,让空间保持简洁。

经常有意识地微笑,哪怕只是面对自己。

每天给自己留有独处的时光,并且止语。

积极记录生活中的美好点滴。

养成每晚睡前表达感恩的习惯。

我的那些幸福时刻

钱一禾

妈妈发来消息,让我有空时完成一个任务——总结出十条我在什么时候有幸福感。

某种意义上来说,和别人分享自己喜欢的事物、幸福的时刻,也是一种自我呈现,于是我很难得地"秒回"了她。据她说,我们俩有很多条"同款"。

妈妈希望我能代表年轻人,把这些随性而不染的回答分享出来,也许你和我也会有几条"同款"。希望你读了我的幸福时刻,也能写下你的幸福时刻,这会让你更清晰地了解自己。

一、得到想要的东西或满足某几样特定的愿望(或者是在想方设法要得到想要的东西时刚好收到了)。

二、智慧、体悟、观念有所进步。

三、冬日阳光和煦的日子里,漫步在路上,聆听音乐,没有任何紧迫的事。当然，也可以去做任何事。

四、在自己喜欢的领域有所进步并有一些感悟，或发现一件让自己喜欢的事。

五、在大众面前展示自己某一方面的特长并利用它帮助他们解决问题。我在这方面的天赋或能力因此得到认可。

六、在某个黄昏或者晚上，偶尔感觉世界的寂静（有"人烟"而无"人气"的寂静），没有任何快乐或痛苦。

七、见到聊得来的亲人朋友或与人成功建立新的、轻松快乐的人际关系。

八、偶尔感觉虚拟侵入现实（完全脱离现实或完全拥抱现实）。

九、没有虚度某段时光，并且在这段时间内是单纯快乐的。

十、暂时摆脱身体疾病的痛苦并顺带摆脱精神痛苦，或暂时摆脱精神痛苦并顺带摆脱身体疾病的痛苦，这时最有活着的真实感，并感觉自己有活力去做任何想做的事。

- 后记 -

一切都是最好的安排

一问一答，一篇篇对话，也是一个个人生故事。

我从小就爱听人们谈话，特别爱听故事。我有一个会讲故事的奶奶，她讲的故事大都是她自己真实经历过的喜怒哀乐。有时候，她大概是觉得我听不懂，讲着讲着就开始自问自答，但我依然专注地不漏过她讲的任何一句话，甚至包括她的叹息。奶奶说，这样可以把我及时地从火坑里救出来。现在想想，那也是她与自己的对话，更是一种自我疗愈。我的童年，尽管有过太多的伤心事，但也一并被奶奶的故事及时疗愈着。直到今天，我时常想，奶奶一直以另一种方式存在着，指引着我前行的道路。

这些年来，我一直在听故事，种种人间故事。

当我聆听时，我专注地安住当下，没有杂念，没有分别。很多时候，讲述者渴望得到疗愈，讲到最后，我也被他们的故事更深地疗愈着。

每一个生命都是由一段段一个个故事构成的。有人说，生命即故事，故事即生命。我通过聆听远远超越小说和电影虚构的真实故事，进入他人的生命和世界，慢慢地就对一切报以理解和宽容，以理性和广阔的视角看待外面的世界，对生命变得愈加敬畏，自己变得愈加谦卑，并在仰望和低头中，看清了自己的位置。

我相信，只有一个真诚而开放的生命才可以抵达另一个生命。我也相信，一个人身上发生的故事，只要愿意分享，是可以影响他人的故事发生的。尽管这种影响有时候只能是一对一的私密发生，它无法公开，或者说它对另一个人来说可能毫无意义。就像我奶奶的故事从某种意义上来说最终只影响我一个人一样，但这份影响必定会产生深度的意义——我开始书写和整理这本书。

书写是一种最好的思考和觉察。我在创作过程中领悟出了三个"一切"，用来每天提醒自己。

"一切都是最好的安排。"无论好坏都要欣然接受，相信每一个问题都是一个转机。

"一切都会过去的。"不管多么痛苦的事或多么快乐的事，它都会过去的，不要执着。

"一切人都会离开的。"即使最爱的人，即使最亲的人，终究也会离开。要珍惜他们，但不要主宰他们。

人活着，会有各种创造，包括创造自己的各种故事，有的故事好，有的故事不好；有的故事让人感到幸福，有的故事让人感到痛苦。我一直鼓励身边的朋友，尤其是一些陷入焦虑的、迷茫的朋友，与其陷在故事中，不如把故事讲出来，写下来。慢慢地，你会发现,你想要的答案就藏在你的故事里。就像我的奶奶,在没有心理咨询师的那个年代,她是她自己的心理咨询师。

一问一答,生命在流动,爱也在传递。衷心祝愿你心安一点,幸福多一点。

王丹阳